BestMasters

Mit „BestMasters" zeichnet Springer die besten Masterarbeiten aus, die an renommierten Hochschulen in Deutschland, Österreich und der Schweiz entstanden sind. Die mit Höchstnote ausgezeichneten Arbeiten wurden durch Gutachter zur Veröffentlichung empfohlen und behandeln aktuelle Themen aus unterschiedlichen Fachgebieten der Naturwissenschaften, Psychologie, Technik und Wirtschaftswissenschaften.

Die Reihe wendet sich an Praktiker und Wissenschaftler gleichermaßen und soll insbesondere auch Nachwuchswissenschaftlern Orientierung geben.

Georg Radow

Eine numerische Untersuchung von Bang-Bang-Steuerungsproblemen

 Springer Spektrum

Georg Radow
Brandenburgische Technische Universität
Cottbus-Senftenberg, Deutschland

BestMasters
ISBN 978-3-658-18196-3   ISBN 978-3-658-18197-0   (eBook)
DOI 10.1007/978-3-658-18197-0

Die Deutsche Nationalbibliothek verzeichnet diese Publikation in der Deutschen National-
bibliografie; detaillierte bibliografische Daten sind im Internet über http://dnb.d-nb.de abrufbar.

Springer Spektrum
© Springer Fachmedien Wiesbaden GmbH 2017

Gedruckt auf säurefreiem und chlorfrei gebleichtem Papier

Springer Spektrum ist Teil von Springer Nature
Die eingetragene Gesellschaft ist Springer Fachmedien Wiesbaden GmbH
Die Anschrift der Gesellschaft ist: Abraham-Lincoln-Str. 46, 65189 Wiesbaden, Germany

Inhaltsverzeichnis

Notationen

Wir bezeichnen mit $\mathbb{R}^n$ den n-dimensionalen euklidischen Vektorraum mit dem Skalarprodukt $a^\top b$ und der euklidischen Norm $|a| := \sqrt{a^\top a}$. Dabei werden mit $a \in \mathbb{R}^n$ Spaltenvektoren bezeichnet, $a^\top$ und $A^\top$ bezeichnen einen transponierten Vektor beziehungsweise eine transponierte Matrix. Die Summennorm bezeichnen wir mit $|a|_1 := \sum_{i=1}^{n} |a_i|$ und die Maximumnorm mit $|a|_\infty := \max_{1 \leq i \leq n} \{|a_i|\}$. Die Spektralnorm einer Matrix A bezeichnen wir mit $\|A\|$.

Der Raum der auf dem Intervall $[0,T]$ stetigen Funktionen ist $C([0,T];\mathbb{R}^n)$ und der Raum der auf dem Intervall $(0,T)$ einmal stetig differenzierbaren Funktionen ist $C^1((0,T);\mathbb{R}^n)$. Weiterhin bezeichnen wir mit $PC(0,T;\mathbb{R}^n)$ die stückweise stetigen Funktionen und mit $PC^1(0,T;\mathbb{R}^n)$ die stetigen und stückweise stetig differenzierbaren Funktionen auf dem Intervall $[0,T]$.

Mit der L^p-Norm für eine Funktion $x : [0,T] \to \mathbb{R}^n$

$$\|x\|_p := \left(\int_0^T |x(t)|^p \, dt \right)^{\frac{1}{p}} \tag{0.1}$$

für $1 \leq p < \infty$ und

$$\|x\|_\infty := \operatorname{ess\,sup}_{t \in [0,T]} |x(t)| \tag{0.2}$$

für $p = \infty$ bezeichnen wir als Lebesgue-Raum $L^p(0,T;\mathbb{R}^n)$ den Raum der Funktionen, für welche die jeweilige L^p-Norm endlich ist. Den Raum

vii

$$W_1^p(0,T;\mathbb{R}^n) := \{x \in L^p(0,T;\mathbb{R}^n) : \dot{x} \in L^p(0,T;\mathbb{R}^n)\} \qquad (0.3)$$

bezeichnen wir für $1 \le p \le \infty$ als Sobolev-Raum der absolut stetigen Funktionen x mit der ersten zeitlichen schwachen Ableitung $\dot{x}$ in dem jeweiligen Lebesgue-Raum. Die zugehörige Sobolev-Norm sei

$$\|x\|_{p,1} := \left(|x(0)|^p + \|\dot{x}\|_p^p\right)^{\frac{1}{p}} \qquad (0.4)$$

für $1 \le p < \infty$ und

$$\|x\|_{\infty,1} := \max\{|x(0)|, \|\dot{x}\|_\infty\} \qquad (0.5)$$

für $p = \infty$.

Die Projektion einer Funktion $x \in L^p(0,T;\mathbb{R}^n)$ oder eines Vektors $a \in \mathbb{R}^n$ auf eine abgeschlossene konvexe Menge $\Omega \subseteq \mathbb{R}^n$ bezeichnen wir gleichermaßen mit $\mathrm{Proj}_\Omega(x)$ beziehungsweise $\mathrm{Proj}_\Omega(a)$.

Mit

$$\frac{\partial f}{\partial x^i} \qquad (0.6)$$

bezeichnen wir die partielle Ableitung einer Funktion $f(x^1,\ldots,x^k)$ nach der Komponente x^i. Wir verwenden diese Bezeichnung auch dann, wenn x^i und f mehrere Komponenten haben. In diesem Fall meinen wir mit $\frac{\partial f}{\partial x^i}$ die Jacobi-Matrix von f eingeschränkt auf die partiellen Ableitungen nach den Komponenten von x^i.

Ungleichungszeichen zwischen zwei Vektoren $a,b \in \mathbb{R}^n$ sind komponentenweise zu verstehen.

Kapitel 1
Einleitung

In technischen und ökonomischen Anwendungen treten häufig Systeme auf, bei denen durch eine externe Steuerung Einfluss auf den zeitlichen Verlauf der Zustände genommen werden kann. Oftmals besteht das Interesse, solche Systeme nach bestimmten Kriterien zu optimieren. Zu diesem Zweck werden in der optimalen Steuerung für verschiedene Typen von Aufgaben die bestmöglichen Verläufe solcher Steuergrößen gesucht.

In dieser Arbeit werden wir eine linear-quadratische Aufgabe aus dem Bereich der Optimalsteuerung untersuchen, dabei treten häufig optimale Steuerungen mit einer sogenannten Bang-Bang-Struktur auf. Für solche Aufgaben wurden in den letzten Jahren mit klassischen Diskretisierungsansätzen neue Konvergenzresultate erzielt. Insbesondere wurde in [2] eine Diskretisierung einer linear-quadratischen Aufgabe untersucht und in [6] wurde die Regularisierung dieser Aufgabe behandelt.

Die vorliegende Arbeit ist folgendermaßen aufgebaut: In Kapitel 2 werden wir die Aufgabe definieren, mit welcher wir uns beschäftigen und wir werden einige grundlegende Erkenntnisse aus der optimalen Steuerung zitieren.

In Kapitel 3 werden wir uns mit der eindeutigen Lösbarkeit der linear-quadratischen Aufgabe befassen und einen Regularisierungsansatz diskutieren. Mit einer Diskretisierung der regularisierten sowie der nichtregularisierten Aufgabe und der zugehörigen umfangreichen Konvergenztheorie werden wir uns in Kapitel 4 beschäftigen.

In Kapitel 5 werden wir uns auch mit zeitoptimalen Aufgaben auseinandersetzen, bevor wir schließlich in Kapitel 6 verschiedene numerische Testrechnungen untersuchen.

Kapitel 2
Aufgabenstellung und grundlegende Eigenschaften

Wir definieren zunächst die grundlegende Aufgabe aus dem Bereich der optimalen Steuerung, mit welcher wir uns im Verlauf der vorliegenden Arbeit befassen werden. Weiterhin werden wir in diesem Kapitel bereits einige Folgerungen aus der Aufgabenstellung festhalten und grundsätzliche Erkenntnisse aus der optimalen Steuerung wiedergeben.

2.1 Linear-quadratische Steuerungsaufgabe

Ausgangspunkt dieser Arbeit ist eine linear-quadratische Steuerungsaufgabe mit festem Zeithorizont $T > 0$:

(LQ) Minimiere $F(x,u)$,   (2.1)

           bezüglich $(x,u) \in W_1^\infty(0,T;\mathbb{R}^n) \times L^\infty(0,T;\mathbb{R}^m)$,   (2.2)

                     $\dot{x}(t) = f(t,x(t),u(t))$ für fast alle $t \in [0,T]$,   (2.3)

                     $x(0) = a \in \mathbb{R}^n$,   (2.4)

                     $u(t) \in U$ für fast alle $t \in [0,T]$,   (2.5)

dabei ist

$$F(x,u) = \frac{1}{2}x(T)^\top Qx(T) + q^\top x(T)$$

$$+ \int_0^T \frac{1}{2}x(t)^\top W(t)x(t) + w(t)^\top x(t) + r(t)^\top u(t)\,dt, \qquad (2.6)$$

$$f(t,x(t),u(t)) = A(t)x(t) + B(t)u(t) + b(t), \qquad (2.7)$$

$$U = \left\{ v \in \mathbb{R}^m \big| b^l \leq v \leq b^u \right\}. \qquad (2.8)$$

Das Zielfunktional F ist quadratisch in x und linear in u. In der linearen Dynamik f erlauben wir, im Gegensatz zu [2], eine zusätzliche zeitabhängige Funktion b. Dies hat jedoch keine Auswirkungen auf die Qualität der Konvergenzaussagen in den Kapiteln 3 und 4. Die Systemgleichung (2.3)-(2.4) hat den festen Anfangswert a und der Steuerbereich U ist zeitlich konstant.

Für die Aufgabe (LQ) sollen die folgenden Voraussetzungen erfüllt sein:

(V2.1) Die Funktionen $W \in C([0,T];\mathbb{R}^{n \times n})$, $w \in C([0,T];\mathbb{R}^n)$, $r \in C([0,T];\mathbb{R}^m)$, $A \in C([0,T];\mathbb{R}^{n \times n})$, $B \in C([0,T];\mathbb{R}^{n \times m})$, $b \in C([0,T];\mathbb{R}^n)$ sind Lipschitzstetig.

(V2.2) Die Matrizen Q und $W(t)$ für alle $t \in [0,T]$ sind symmetrisch und positiv semidefinit.

(V2.3) Es ist $b^l, b^u \in \mathbb{R}^m$, $b^l < b^u$. Der Steuerbereich U ist also nichtleer, konvex und kompakt.

Diese Eigenschaften werden in der vorliegenden Arbeit generell für das Problem (LQ) und die davon abgeleiteten Aufgabenstellungen angenommen, ohne dass dies explizit angegeben wird.

Wegen der Beschränktheit des Steuerbereichs U nach Voraussetzung (V2.3) liegen alle zulässigen Steuerungen in $L^\infty(0,T;\mathbb{R}^n)$. Die Menge der zulässigen Steuerungen ist

$$\mathcal{U} := \left\{ u \in L^\infty(0,T;\mathbb{R}^n) \big| u(t) \in U \text{ für fast alle } t \in [0,T] \right\}. \qquad (2.9)$$

In der Bedingung (2.2) würde wegen $W_1^2(0,T;\mathbb{R}^n) \subset L^\infty(0,T;\mathbb{R}^n)$ auch die Forderung $x \in W_1^2(0,T;\mathbb{R}^n)$ ausreichen, welche häufig an Aufgaben der optimalen Steuerung gestellt wird. Mit $u \in L^\infty(0,T;\mathbb{R}^n)$ und der Lipschitz-Stetigkeit von A, B und b gilt dann $\dot{x} \in L^\infty(0,T;\mathbb{R}^n)$ und somit $x \in W_1^\infty(0,T;\mathbb{R}^n)$. Die Menge der zulässigen Steuerungsprozesse, welche wir auch kurz als zulässige Menge bezeichnen, ist dann

$$\mathscr{F} := \left\{ (x,u) \in W_1^\infty(0,T;\mathbb{R}^n) \times L^\infty(0,T;\mathbb{R}^n) \,\middle|\, \right.$$

$$\left. u \in \mathscr{U}, \; x(0) = a, \; \dot{x}(t) = f(t,x(t),u(t)) \text{ für fast alle } t \in [0,T] \right\}. \quad (2.10)$$

Die Einschränkung der zulässigen Steuerungsprozesse in der Bedingung (2.2) folgt also aus den Voraussetzungen (V2.1) und (V2.3).

2.2 Grundlagen der optimalen Steuerung

Wir definieren zunächst, was wir als Lösung einer Aufgabe der optimalen Steuerung verstehen. Das Problem (LQ) ist konvex, wie wir in den nächsten Abschnitten feststellen werden. Daher beschäftigen wir uns mit globalen Lösungen und nicht mit (starken oder schwachen) lokalen Lösungen.

Definition 2.1. Ein Paar $(x^*,u^*) \in \mathscr{F}^P$ heißt Lösung einer Aufgabe (P) mit dem Zielfunktional F^P und der zulässigen Menge $\mathscr{F}^P$, wenn für alle zulässigen Paare $(x,u) \in \mathscr{F}^P$

$$F^P(x^*,u^*) \leq F^P(x,u) \quad (2.11)$$

gilt. Wenn in (2.11) für alle $(x,u) \in \mathscr{F}^P \setminus \{(x^*,u^*)\}$ die strikte Ungleichungsrelation gilt, so heißt $(x^*,u^*) \in \mathscr{F}^P$ strikte Lösung von (P).

Die eindeutige Lösung z einer Differentialgleichung in der Form

$$\dot{z}(t) = M(t)z(t) + m(t) \quad \text{für fast alle } t \in [0,T], \quad (2.12)$$

$$z(0) = z^0 \quad (2.13)$$

mit $M \in L^\infty(0,T;\mathbb{R}^{n\times n})$, $m \in L^\infty(0,T;\mathbb{R}^n)$ und $z^0 \in \mathbb{R}^n$ kann nach [4], Kapitel 6, Gleichung (6.1.3) durch

$$z(t) = \Phi(t)z^0 + \Phi(t) \int_0^t \Phi(s)^{-1}m(s)\,\mathrm{d}s \quad \text{für alle } t \in [0,T] \quad (2.14)$$

dargestellt werden und es gilt $z \in W_1^\infty(0,T;\mathbb{R}^n)$. Dabei ist Φ nach [5], Gleichung (A.6.7), die eindeutige Lösung der Differentialgleichung

$$\dot{\Phi}(t) = M(t)\Phi(t) \quad \text{für alle } t \in (0,T), \quad (2.15)$$

$$\Phi(0) = E^n \quad (2.16)$$

mit der $n \times n$-Einheitsmatrix E^n.

Durch die Voraussetzungen (V2.1), (V2.2) und (V2.3) ist nach [4], Satz 3.2.2, die Existenz einer Lösung der Aufgabe (LQ) gesichert. Die Funktionen A, B und b sind Lipschitz-stetig, deshalb hat das Anfangswertproblem (2.3), (2.4) nach (2.14) für jede zulässige Steuerung $u \in \mathcal{U}$ eine eindeutige Lösung. Mit Voraussetzung (V2.3) ist x gleichmäßig Lipschitz-stetig, für alle zulässigen Trajektorien x gilt also

$$\|x\|_{\infty,1} \leq L^x \qquad (2.17)$$

mit einer von x unabhängigen Lipschitz-Konstanten L^x. Somit ist $\mathcal{F}$ nichtleer, konvex, beschränkt und abgeschlossen. Aus der Lipschitz-Stetigkeit der Koeffizientenfunktionen und der positiven Semidefinitheit von Q und $W(t)$ für alle $t \in [0, T]$ folgt, dass das Zielfunktional F Lipschitz-stetig und konvex auf $\mathcal{F}$ ist, mit einer Lipschitz-Konstanten L^F gilt

$$|F(x,u) - F(z,v)| \leq L^F \left(\|x - z\|_{\infty} + \|u - v\|_1 \right) \qquad (2.18)$$

für alle $(x,u), (z,v) \in \mathcal{F}$. Insgesamt hat die Aufgabe (LQ) mindestens eine Lösung.

Wir verwenden das Pontrjagin'sche Maximumprinzip nach [4], Satz 3.3.3. Anstatt einer Minimumbedingung verwenden wir jedoch die Maximumbedingung, welche sich ergibt, wenn in der Herleitung in [4] die Vorzeichen in der adjungierten Gleichung und der Transversalitätsbedingung angepasst werden. Wegen der Konvexität der Aufgabe (LQ) sind die notwendigen Optimalitätsbedingungen auch hinreichend.

Satz 2.2 *Ein zulässiges Paar* $(x^*, u^*) \in \mathcal{F}$ *ist genau dann eine Lösung der Aufgabe* (LQ), *wenn mit einer Adjungierten* $p \in W_1^\infty(0, T; \mathbb{R}^n)$ *folgende Bedingungen für fast alle* $t \in [0, T]$ *erfüllt sind:*

$$(A) \qquad \dot{p}(t) = -A(t)^\top p(t) + W(t)x^*(t) + w(t), \qquad (2.19)$$

$$(T) \qquad p(T) = -Qx^*(T) - q, \qquad (2.20)$$

$$(M) \qquad \left[-r(t) + B(t)^\top p(t) \right]^\top (v - u^*(t)) \leq 0 \qquad \textit{für alle } v \in U. \qquad (2.21)$$

Eine zulässige Lösung von (LQ) erfüllt also die Maximumbedingung (M) mit einer Adjungierten p, welche eine Lösung der adjungierten Gleichung (A) mit der Transversalitätsbedingung (T) ist. Für jede optimale Zustandstrajektorie x^* ist die Lösung p der linearen Differentialgleichung (A) mit der Endbedingung (T) eindeutig bestimmt.

Wir definieren nun die Umschaltfunktion für $t \in [0, T]$ durch

$$\sigma(t) := -r(t) + B(t)^\top p(t). \tag{2.22}$$

Die Funktionen A, W und w sind Lipschitz-stetig und die Funktionen p und x sind beschränkt. Wegen der Adjungierten-Gleichung (A) ist $\dot{p}$ für fast alle $t \in [0, T]$ beschränkt und somit ist p Lipschitz-stetig. Mit der Lipschitz-Stetigkeit von r und B ist auch die Umschaltfunktion σ Lipschitz-stetig.

Da eine optimale Steuerung u^* die Maximumbedingung (M) erfüllt, gilt für fast alle $t \in [0, T]$:

$$u_i^*(t) := \begin{cases} b_i^u, & \text{falls } \sigma_i(t) > 0, \\ b_i^l, & \text{falls } \sigma_i(t) < 0, \qquad i = 1, \ldots, m. \\ \text{singulär}, & \text{falls } \sigma_i(t) = 0, \end{cases} \tag{2.23}$$

Falls die Komponenten von σ nur endlich viele Nullstellen aufweisen, so bezeichnen wir u^* auch als Bang-Bang-Steuerung.

Kapitel 3
Regularisierung

In praktischen Anwendungen ist eine Bang-Bang-Steuerung als Teil einer optimalen Lösung häufig nicht wünschenswert. Wir beschäftigen uns in diesem Kapitel mit einer Regularisierung der Aufgabe (LQ), bei welcher der Regularisierungsterm

$$\frac{\nu}{2}\|u\|_2^2 \tag{3.1}$$

in dem Zielfunktional hinzugefügt wird. Für den Regularisierungsparameter gilt $\nu \geq 0$. Wir erhalten die regularisierte Aufgabe:

$$(LQ_\nu) \qquad \text{Minimiere} \quad F^\nu(x,u), \tag{3.2}$$

$$\text{bezüglich} \quad (x,u) \in W_1^\infty(0,T;\mathbb{R}^n) \times L^\infty(0,T;\mathbb{R}^m), \tag{3.3}$$

$$\dot{x}(t) = f(t,x(t),u(t)) \quad \text{für fast alle } t \in [0,T], \tag{3.4}$$

$$x(0) = a \in \mathbb{R}^n, \tag{3.5}$$

$$u(t) \in U \quad \text{für fast alle } t \in [0,T], \tag{3.6}$$

dabei ist

$$
\begin{aligned}
F^\nu(x,u) &= F(x,u) + \frac{\nu}{2}\|u\|_2^2 \\[1ex]
&= \frac{1}{2}x(T)^\top Q x(T) + q^\top x(T) \\[1ex]
&\quad + \int_0^T \frac{1}{2}x(t)^\top W(t)x(t) + w(t)^\top x(t) + \frac{\nu}{2}u(t)^\top u(t) + r(t)^\top u(t)\,\mathrm{d}t.
\end{aligned}
\tag{3.7}
$$

Die Menge der zulässigen Steuerungen $\mathscr{U}$ und die zulässige Menge $\mathscr{F}$ für die Aufgabe (LQ_v) sind identisch mit denen der Aufgabe (LQ). Bei einer Lösung der regularisierten Aufgabe tritt allerdings typischerweise eine Lipschitz-stetige Steuerung anstatt einer Bang-Bang-Steuerung auf.

Falls $v = 0$ gilt, so ist die Aufgabe (LQ_v) identisch mit der Aufgabe (LQ). Im Fall $v > 0$ ist die durch den Regularisierungsparameter skalierte Einheitsmatrix vE^m positiv definit, und nach [4], Satz 3.2.5 hat die Aufgabe (LQ_v) dann genau eine eindeutig bestimmte Lösung. Eine Lösung der Aufgabe (LQ_v) bezeichnen wir mit (x^v, u^v), für eine Lösung der Aufgabe (LQ_0) verwenden wir jedoch weiterhin auch die Bezeichnung (x^*, u^*).

Das Pontrjagin'sche Maximumprinzip in der folgenden Formulierung ist, ebenso wie Satz 2.2, aus [4], Satz 3.3.3, abgeleitet. Aufgrund des Regularisierungsterms wird die Maximumbedingung angepasst. Zur besseren Übersicht geben wir das Maximumprinzip für die Aufgabe (LQ_v) an:

Satz 3.1 *Für $v \geq 0$ ist ein zulässiges Paar $(x^v, u^v) \in \mathscr{F}$ genau dann eine Lösung der Aufgabe (LQ_v), wenn mit einer Adjungierten $p^v \in W_1^\infty(0, T; \mathbb{R}^n)$ folgende Bedingungen für fast alle $t \in [0, T]$ erfüllt sind:*

$$(A_v) \quad \dot{p}^v(t) = -A(t)^\top p^v(t) + W(t)x^v(t) + w(t), \tag{3.8}$$

$$(T_v) \quad p^v(T) = -Qx^v(T) - q, \tag{3.9}$$

$$(M_v) \quad \left[-vu^v(t) - r(t) + B(t)^\top p^v(t) \right]^\top (v - u^v(t)) \leq 0 \quad \text{für alle } v \in U. \tag{3.10}$$

Aus der Maximumbedingung (M_v) folgt nach [4], Seite 43, Gleichung 3.4.8 für den Fall $v > 0$ die Lösungsdarstellung

$$u^v(t) = \mathrm{Proj}_U \left(-\frac{1}{v} \left(r(t) - B(t)^\top p^v(t) \right) \right) \quad \text{für fast alle } t \in [0, T]. \tag{3.11}$$

Aufgrund der Lipschitz-Stetigkeit von r, B und p^v ist auch die optimale Steuerung u^v für $v > 0$ Lipschitz-stetig. Zusammen mit Gleichung (2.23) haben wir jeweils eine Lösungsdarstellung für den Fall $v = 0$ und $v > 0$, wobei eine Lösung der nicht regularisierten Aufgabe (LQ_0) singuläre Steuerungsabschnitte enthalten kann.

3.1 Eindeutigkeit der nicht regularisierten Aufgabe

Im Fall $v > 0$ ist die Aufgabe (LQ_v) eindeutig lösbar. Für die Aufgabe (LQ_0) beziehungsweise (LQ) wollen wir die Eindeutigkeit durch geeignete Voraussetzungen sicherstellen. Zu einer Lösung von (LQ) sei $\Sigma_i \subseteq [0,T]$ für $i = 1,\ldots,m$ die Menge der Nullstellen der i-ten Komponente der Umschaltfunktion σ, die Menge aller Nullstellen von σ ist $\Sigma = \bigcup_{i=1}^{m} \Sigma_i$. Für $s \in \Sigma$ definieren wir die Menge der Indizes der Komponenten von σ, welche bei s eine Nullstelle haben:

$$\mathscr{I}(s) := \left\{ i \in \mathbb{N} \,\middle|\, 1 \leq i \leq m, \ \sigma_i(s) = 0 \right\}. \tag{3.12}$$

Damit eine optimale Steuerung keine singulären Abschnitte enthält, verwenden wir die folgende Voraussetzung an die Umschaltfunktion σ einer optimalen Steuerung u^*:

(V3.1) Die Menge $\Sigma =: \{s_1,\ldots,s_l\}$ ist endlich, mit $l \in \mathbb{N} \cup \{0\}$ gilt

$$0 < s_1 < \cdots < s_l < T. \tag{3.13}$$

Um die Stabilität der Lösung zu sichern benötigen wir eine zusätzliche Voraussetzung:

(V3.2) Es existieren Konstanten $\hat{\sigma}, \hat{\tau} > 0$, sodass für alle $j \in \{1,\ldots,l\}, i \in \mathscr{I}(s_j)$ und $\tau \in [s_j - \hat{\tau}, s_j + \hat{\tau}]$ die Bedingungen

$$|\sigma_i(\tau)| \geq \hat{\sigma} \, |\tau - s_j| \tag{3.14}$$

und

$$\sigma_i(s_j - \hat{\tau})\sigma_i(s_j + \hat{\tau}) < 0 \tag{3.15}$$

erfüllt sind.

Nach Voraussetzung (V3.2) liegt eine Komponente der Umschaltfunktion im Bereich um eine Nullstelle betragsmäßig oberhalb einer linearen Minorante, somit wechselt die Komponente in jeder Nullstelle ihr Vorzeichen. Falls für eine Lösung die Voraussetzung (V3.1) nicht erfüllt ist und die Umschaltfunktion unendlich viele Nullstellen hat, so kann auch (V3.2) nicht erfüllt sein.

Wir befassen uns zunächst mit einer lokalen quadratischen Abschätzung einer optimalen Steuerung u^* aus [8], Lemma 2.2, welche in [2] linear auf die Menge aller zulässigen Steuerungen $\mathscr{U}$ erweitert wurde.

Lemma 3.2 ([2], Lemma 4.1). *Es sei* (x^*, u^*) *eine Lösung der Aufgabe* (LQ) *mit der Umschaltfunktion* σ. *Wenn für* (x^*, u^*) *die Voraussetzungen (V3.1) und (V3.2) erfüllt sind, dann existieren Konstanten* $\alpha, \gamma, \hat{\delta} > 0$, *sodass für* $(x, u) \in \mathscr{F}$ *mit* $\|u - u^*\|_1 \leq 2\gamma\hat{\delta}$ *die Abschätzung*

$$\int_0^T -\sigma(t)^\top (u(t) - u^*(t))\, \mathrm{d}t \geq \alpha \|u - u^*\|_1^2 \tag{3.16}$$

und für $(x, u) \in \mathscr{F}$ *mit* $\|u - u^*\|_1 > 2\gamma\hat{\delta}$ *die Abschätzung*

$$\int_0^T -\sigma(t)^\top (u(t) - u^*(t))\, \mathrm{d}t \geq \alpha \|u - u^*\|_1 \tag{3.17}$$

gilt.

Beweis. Mit $\hat{\tau}$ aus (V3.2) definieren wir für $\delta \in (0, \hat{\tau}]$ die Menge

$$I^-(\delta) := \bigcup_{s \in \Sigma} [s - \delta, s + \delta], \tag{3.18}$$

und für die einzelnen Komponenten definieren wir mit $i = 1, \ldots, m$ die Menge

$$I_i^-(\delta) := \bigcup_{s \in \Sigma_i} [s - \delta, s + \delta]. \tag{3.19}$$

Die Komplemente bezüglich $[0, T]$ bezeichnen wir mit

$$I^+(\delta) := [0, T] \setminus I^-(\delta), \tag{3.20}$$

beziehungsweise für $i = 1, \ldots, m$ mit

$$I_i^+(\delta) := [0, T] \setminus I_i^-(\delta). \tag{3.21}$$

Es gelten $I_i^-(\delta) \subseteq I^-(\delta)$ und $I_i^+(\delta) \supseteq I^+(\delta)$ für $i = 1, \ldots, m$.

Wegen der Lipschitz-Stetigkeit der Komponenten σ_i existieren für $i = 1, \ldots, m$ Konstanten $\sigma_i^{\min} > 0$, sodass

$$\sigma_i^{\min} = \inf_{t \in I_i^+(\hat{\tau})} |\sigma_i(t)| \tag{3.22}$$

gilt. Mit $\hat{\sigma}$ aus (V3.2) können wir eine Konstante $\hat{\delta} \in (0, \hat{\tau}]$ wählen, sodass

$$\hat{\delta}\hat{\sigma} \leq \min_{1 \leq i \leq m} \sigma_i^{\min} \tag{3.23}$$

gilt.

Es sei $\delta \in (0, \hat{\delta}]$ und $i \in \{0, \ldots, m\}$. Die Gültigkeit der Abschätzung

$$|\sigma_i(t)| \geq \delta\hat{\sigma} \qquad \text{für alle } t \in I^+(\delta) \tag{3.24}$$

folgt für $t \in I_i^+(\hat{\tau}) \supseteq I_i^+(\hat{\tau}) \setminus I^-(\delta)$ aus Gleichung (3.22) und Abschätzung (3.23), sowie für $t \in I_i^-(\hat{\tau}) \supseteq I_i^-(\hat{\tau}) \setminus I^-(\delta)$ aus Abschätzung (3.14). Es gilt

$$\left(I_i^+(\hat{\tau}) \setminus I^-(\delta)\right) \cup \left(I_i^-(\hat{\tau}) \setminus I^-(\delta)\right) = [0, T] \setminus I^-(\delta) = I^+(\delta). \tag{3.25}$$

Nach der Maximumbedingung (M) gilt $\sigma(t)^\top(u(t) - u^*(t)) \leq 0$ für fast alle $t \in [0, T]$ und somit stimmen für $i = 1, \ldots, m$ die Vorzeichen von $-\sigma_i(t)$ und $u_i(t) - u_i^*(t)$ für fast alle $t \in [0, T]$ überein. Daraus folgt mit Abschätzung (3.24) und der Maximumbedingung (M) für $\delta \in (0, \hat{\delta}]$

$$\int_0^T -\sigma(t)^\top(u(t) - u^*(t)) \, dt$$

$$\geq \int_{I^+(\delta)} -\sigma(t)^\top(u(t) - u^*(t)) \, dt$$

$$= \int_{I^+(\delta)} \sum_{i=1}^m |\sigma_i(t)| \, |u_i(t) - u_i^*(t)| \, dt \tag{3.26}$$

$$\geq \delta\hat{\sigma} \sum_{i=1}^m \int_{I^+(\delta)} |u_i(t) - u_i^*(t)| \, dt$$

$$= \delta\hat{\sigma} \left(\|u - u^*\|_1 - \sum_{i=1}^m \int_{I^-(\delta)} |u_i(t) - u_i^*(t)| \, dt \right).$$

Es gilt

$$|u_i(t) - u_i^*(t)| \leq b_i^u - b_i^l \qquad \text{für fast alle } t \in [0, T] \tag{3.27}$$

für $i = 1, \ldots, m$ und somit

$$\sum_{i=1}^{m} \int_{I^-(\delta)} |u_i(t) - u_i^*(t)| \, dt \leq m \int_{I^-(\delta)} \max_{1 \leq i \leq m} \left\{ b_i^u - b_i^l \right\} dt \tag{3.28}$$

$$= 2\delta l m \max_{1 \leq i \leq m} \left\{ b_i^u - b_i^l \right\} =: \gamma\delta.$$

Mit (3.26) folgt für $\delta \in (0, \hat{\delta}]$

$$\int_0^T -\sigma(t)^\top (u(t) - u^*(t)) \, dt \geq \delta\hat{\sigma} (\|u - u^*\|_1 - \gamma\delta). \tag{3.29}$$

Für $\|u - u^*\|_1 = 0$ sind die Gleichungen (3.16) und (3.17) trivialerweise erfüllt. Wir nehmen nun $\|u - u^*\|_1 > 0$ an und wählen

$$\delta = \min \left\{ \hat{\delta}, \frac{1}{2\gamma} \|u - u^*\|_1 \right\}. \tag{3.30}$$

Im Fall $\delta = \frac{1}{2\gamma} \|u - u^*\|_1$ beziehungsweise $\|u - u^*\|_1 \leq 2\gamma\hat{\delta}$ gilt

$$\int_0^T -\sigma(t)^\top (u(t) - u^*(t)) \, dt \geq \frac{\hat{\sigma}}{4\gamma} \|u - u^*\|_1^2, \tag{3.31}$$

und im Fall $\delta = \hat{\delta}$ beziehungsweise $\|u - u^*\|_1 > 2\gamma\hat{\delta}$ gilt

$$\int_0^T -\sigma(t)^\top (u(t) - u^*(t)) \, dt \geq \frac{\hat{\delta}\hat{\sigma}}{2} \|u - u^*\|_1. \tag{3.32}$$

Mit $\alpha = \min \left\{ \frac{\hat{\sigma}}{4\gamma}, \frac{\hat{\delta}\hat{\sigma}}{2} \right\}$ folgen die Gleichungen (3.16) und (3.17).   □

Aus Lemma 3.2 werden wir nun für geeignete Aufgaben eine Abschätzung des Zielfunktionals herleiten, woraus wir dann die eindeutige Lösbarkeit erhalten.

Satz 3.3 ([2], Theorem 4.2) *Es sei (x^*, u^*) eine Lösung der Aufgabe (LQ). Wenn für (x^*, u^*) die Voraussetzungen (V3.1) und (V3.2) erfüllt sind, dann existieren Konstanten $\hat{\alpha}, \gamma, \hat{\delta} > 0$, sodass für $(x, u) \in \mathscr{F}$ mit $\|u - u^*\|_1 \leq 2\gamma\hat{\delta}$ die Abschätzung*

$$F(x,u) - F(x^*,u^*) \geq \hat{\alpha}\left(\|u-u^*\|_1^2 + \|x-x^*\|_{1,1}^2\right) \qquad (3.33)$$

und für $(x,u) \in \mathscr{F}$ *mit* $\|u-u^*\|_1 > 2\gamma\hat{\delta}$ *die Abschätzung*

$$F(x,u) - F(x^*,u^*) \geq \hat{\alpha}\left(\|u-u^*\|_1 + \|x-x^*\|_{1,1}\right) \qquad (3.34)$$

gilt.

Beweis. Für eine symmetrische Matrix $M \in \mathbb{R}^{n\times n}$, $y,y^* \in \mathbb{R}^n$ und $\hat{y} := y-y^*$ gilt

$$
\begin{aligned}
y^\top My - [y^*]^\top My^* &= y^\top My - [y^*]^\top My^* + \hat{y}^\top M\hat{y} - \hat{y}^\top M\hat{y} \\
&= y^\top My - [y^*]^\top My^* + \hat{y}^\top M\hat{y} \\
&\quad - y^\top My + 2[y^*]^\top My - [y^*]^\top My^* \\
&= \hat{y}^\top M\hat{y} + 2[y^*]^\top M\hat{y}.
\end{aligned} \qquad (3.35)
$$

Es seien $(x,u) \in \mathscr{F}$, $z := x-x^*$, $v = u-u^*$ und p die zu (x^*,u^*) gehörende Adjungierte. Mit Gleichung (3.35), der positiven Semidefinitheit von Q und $W(t)$ für $t \in [0,T]$ und der Transversalitätsbedingung (T) gilt

$$
\begin{aligned}
F(x,u) - F(x^*,u^*) &= [Qx^*(T)+q]^\top z(T) + \frac{1}{2}z(T)^\top Qz(T) \\
&\quad + \int_0^T [W(t)x^*(t)w(t)]^\top z(t)\,\mathrm{d}t \\
&\quad + \int_0^T \frac{1}{2}z(t)^\top W(t)z(t) + r(t)^\top v(t)\,\mathrm{d}t \\
&\geq -p(T)^\top z(T) \\
&\quad + \int_0^T [W(t)x^*(t)+w(t)]^\top z(t) + r(t)^\top v(t)\,\mathrm{d}t.
\end{aligned} \qquad (3.36)
$$

Es gelten $z(0) = a-a = 0$ und $z \in W_1^\infty(0,T;\mathbb{R}^n)$. Mittels partieller Integration für $-p(T)^\top z(T) + p(0)^\top z(0)$ folgt aus Abschätzung (3.36) weiterhin

$$F(x,u) - F(x^*,u^*) \geq \int_0^T [W(t)x^*(t) + w(t)]^\top z(t) + r(t)^\top v(t)\, dt$$

$$+ \int_0^T -\dot{z}(t)^\top p(t) - z(t)^\top \dot{p}(t)\, dt. \qquad (3.37)$$

Wegen

$$\dot{z}(t) = A(t)z(t) + B(t)v(t) \qquad \text{für fast alle } t \in [0,T] \qquad (3.38)$$

und mit der Adjungierten Gleichung (A) gilt nun

$$F(x,u) - F(x^*,u^*) \geq \int_0^T [W(t)x^*(t) + w(t)]^\top z(t) + r(t)^\top v(t)\, dt$$

$$- \int_0^T [A(t)z(t) + B(t)v(t)]^\top p(t)\, dt.$$

$$- \int_0^T z(t)^\top \left[-A(t)^\top p(t) + W(t)x^*(t) + w(t)\right] dt \qquad (3.39)$$

$$= \int_0^T r(t)^\top v(t) - p(t)^\top B(t)v(t)\, dt$$

$$= \int_0^T -\sigma(t)^\top [u(t) - u^*(t)]\, dt.$$

Nach Lemma 3.2 existieren Konstanten $\alpha, \gamma, \hat{\delta} > 0$, sodass im Fall $\|u - u^*\|_1 \leq 2\gamma\hat{\delta}$ die Abschätzung

$$F(x,u) - F(x^*,u^*) \geq \alpha \|u - u^*\|_1^2 \qquad (3.40)$$

und im Fall $\|u - u^*\|_1 > 2\gamma\hat{\delta}$ die Abschätzung

$$F(x,u) - F(x^*,u^*) \geq \alpha \|u - u^*\|_1 \qquad (3.41)$$

gilt.

Wegen Gleichung (3.38) und $z(0) = 0$ gilt mit einer Konstanten c

$$\|x - x^*\|_{1,1} \leq c \|u - u^*\|_1 . \tag{3.42}$$

Mit den Abschätzungen (3.40) und (3.41) folgt nun die Aussage des Satzes. $\square$

Anmerkung 3.4. Zur besseren Lesbarkeit ist allgemein die Definition einer Konstanten c nur in dem jeweiligen Satz oder Lemma gültig. Beispielsweise können mit c^1 in verschiedenen Beweisen auch verschiedene Konstanten gemeint sein.

Falls für eine Lösung (x^*, u^*) der Aufgabe (LQ) die Voraussetzungen (V3.1) und (V3.2) erfüllt sind, so folgt für jede weitere Lösung $(x, u) \in \mathscr{F}$ aus $F(x, u) = F(x^*, u^*)$ nach Satz 3.3 auch $(x, u) = (x^*, u^*)$. Somit gilt folgende Aussage:

Korollar 3.5 *Es sei (x^*, u^*) eine Lösung von Problem (LQ). Wenn für (x^*, u^*) die Voraussetzungen (V3.1) und (V3.2) erfüllt sind, dann ist (x^*, u^*) die eindeutige Lösung der Aufgabe (LQ).*

Falls die Voraussetzungen (V3.1) und (V3.2) nicht erfüllt sind, so kann unter der folgenden Voraussetzung an die Aufgabe (LQ) die Eindeutigkeit einer optimalen Steuerung für fast alle $t \in [0, T] \setminus \Sigma$ gezeigt werden, siehe [6], Seite 911.

(V3.3) Es existiert eine Konstante $\beta > 0$, sodass für alle $t \in [0, T]$

$$y^\top W(t) y \geq \beta |y|^2 \qquad \text{für alle } y \in \mathbb{R}^n \tag{3.43}$$

erfüllt ist.

3.2 Fehlerabschätzungen für die regularisierte Aufgabe

Die Aufgabe (LQ_v) ist für $v \geq 0$ unter geeigneten Voraussetzungen eindeutig lösbar. Wir sind nun an Abschätzungen für den Regularisierungsfehler $\|u^v - u^*\|_1$ beziehungsweise $\|x^v - x^*\|_{1,1}$ interessiert, zu diesem Zweck beweisen wir den folgenden Satz:

Satz 3.6 ([6], Theorem 4.1) *Es sei (x^*, u^*) eine Lösung der Aufgabe (LQ), welche die Voraussetzungen (V3.1) und (V3.2) erfüllt. Dann gilt mit von v unabhängigen Konstanten c^u und c^x für die Lösung (x^v, u^v) der Aufgabe (LQ_v):*

(i) $\|u^v - u^*\|_1 \leq c^u v$,

(ii) $\|x^\nu - x^*\|_{1,1} \le c^x \nu$.

Beweis. Aus der Maximumbedingung (M_ν) erhalten wir

$$J := \int_0^T \left[-\nu u^\nu(t) - r(t) + B(t)^\top p^\nu(t) \right]^\top (u^\nu(t) - u^*(t))\, dt \ge 0. \qquad (3.44)$$

Zusammen mit Lemma 3.2 gilt mit von ν unabhängigen Konstanten $\alpha, \gamma, \hat{\delta} > 0$

$$\alpha \|u^\nu - u^*\|_1^2$$

$$\le \int_0^T -\sigma(t)^\top (u^\nu(t) - u^*(t))\, dt + J$$

$$= \int_0^T \left[-\nu u^\nu(t) + B(t)^\top p^\nu(t) - B(t)^\top p(t) \right]^\top (u^\nu(t) - u^*(t))\, dt \qquad (3.45)$$

falls $\|u^\nu - u^*\|_1 \le 2\gamma\hat{\delta}$, und

$$\alpha \|u^\nu - u^*\|_1$$

$$\le \int_0^T \left[-\nu u^\nu(t) + B(t)^\top p(t)^\nu - B(t)^\top p(t) \right]^\top (u^\nu(t) - u^*(t))\, dt \qquad (3.46)$$

falls $\|u^\nu - u^*\|_1 > 2\gamma\hat{\delta}$.

Aus der Systemgleichung (3.4), der Anfangsbedingung (3.5), der Adjungierten-Gleichung (A_ν) und der Transversalitätsbedingung (T_ν) erhalten wir mittels partieller Integration

$$\int_0^T [p^\nu(t) - p(t)]^\top B(t)(u^\nu(t) - u^*(t))\,dt$$

$$= \int_0^T \left[A(t)^\top (p^\nu(t) - p(t))\right]^\top (x^*(t) - x^\nu(t))\,dt$$

$$+ \int_0^T [p^\nu(t) - p(t)]^\top (\dot{x}^\nu(t) - \dot{x}^*(t))\,dt$$

$$= \int_0^T [x^\nu(t) - x^*(t)]^\top W(t)(x^*(t) - x^\nu(t))\,dt \tag{3.47}$$

$$- \int_0^T [\dot{p}^\nu(t) - \dot{p}(t)]^\top (x^*(t) - x^\nu(t)) + [\dot{p}^\nu(t) - \dot{p}(t)]^\top (x^\nu(t) - x^*(t))\,dt$$

$$+ [-Qx^\nu(T) + Qx^*(T)]^\top (x^\nu(T) - x^*(T))$$

$$= - \int_0^T [x^*(t) - x^\nu(t)]^\top W(t)(x^*(t) - x^\nu(t))\,dt$$

$$- [x^\nu(T) - x^*(T)]^\top Q(x^\nu(T) - x^*(T)).$$

Aufgrund der positiven Semidefinitheit von Q und $W(t)$ für $t \in [0,T]$ gilt somit

$$\int_0^T [p^\nu(t) - p(t)]^\top B(t)(u^\nu(t) - u^*(t))\,dt \leq 0 \tag{3.48}$$

Aus den Abschätzungen (3.45) und (3.46) folgt nun

$$\alpha \|u^\nu - u^*\|_1^2 \leq \int_0^T [-\nu u^\nu(t)]^\top (u^\nu(t) - u^*(t))\,dt \leq \nu T \|u^\nu\|_\infty \|u^\nu - u^*\|_1 \tag{3.49}$$

falls $\|u^\nu - u^*\|_1 \leq 2\gamma\hat{\delta}$, und

$$\alpha \|u^\nu - u^*\|_1 \leq \nu m T \|u^\nu\|_\infty \|u^\nu - u^*\|_1 \leq \nu T^2 \|u^\nu\|_\infty (\|u^\nu\|_\infty + \|u^*\|_\infty) \tag{3.50}$$

falls $\|u^\nu - u^*\|_1 > 2\gamma\hat{\delta}$. Wegen der Beschränktheit von U können wir $\|u^\nu\|_\infty$ und $\|u^*\|_\infty$ durch eine Konstante abschätzen und erhalten für den nichttrivialen Fall $\|u^\nu - u^*\|_\infty > 0$ die Aussage (i) mit einer von ν unabhängigen Konstanten c^u.

Wir können nun wie in Abschätzung (3.42) die Norm $\|x^\nu - x^*\|_{1,1}$ durch die Norm $\|u^\nu - u^*\|_1$ abschätzen und erhalten die Aussage (ii).   □

Wir haben die Konvergenz der eindeutigen Lösungen der Aufgaben (LQ_ν) gegen die eindeutige Lösung der Aufgabe (LQ) in $O(\nu)$ gezeigt, falls eine Lösung der Aufgabe (LQ) die Voraussetzungen (V3.1) und (V3.2) erfüllt. Wenn dies nicht erfüllt ist, so gilt unter Voraussetzung (V3.3) die Konvergenz gemäß

$$\|x^\nu - x^*\|_2 \leq c^x \sqrt{\nu} \tag{3.51}$$

mit einer von ν unabhängigen Konstanten c^x für hinreichend kleine ν, siehe dazu [6], Theorem 4.2.

Kapitel 4
Euler-Diskretisierung

Wir untersuchen nun eine Diskretisierung der Aufgabe (LQ_v) für $v \geq 0$, sodass diese als endlichdimensionale quadratische Optimierungsaufgabe mit boxed constraints dargestellt werden kann.[1]

Es sei $N \in \mathbb{N}$. Wir unterteilen das Intervall $[0, T]$ in N Teilintervalle mit der gleichen Länge $h = T/N$. Die Zeitpunkte $t_j = jh$ für $j = 0, \ldots, N$ bilden die Gitterpunkte der Diskretisierung. Der Raum der diskreten Steuerungen $X^{u,N} \subset L^\infty(0, T; \mathbb{R}^m)$ bestehe aus den in den Teilintervallen $[t_j, t_{j+1})$ für $j = 0, \ldots, N-1$ konstanten Funktionen u^h, welche durch die Randpunkte $u_j^h = u^h(t_j)$ für $j = 0, \ldots, N-1$ repräsentiert werden. Weiterhin gelte $u^h(t_N) = u_{N-1}^h$.

Der Raum der diskreten Zustände $X^{x,N} \subset W_1^\infty(0, T; \mathbb{R}^n)$ bestehe aus den stetigen und in den Teilintervallen $[t_j, t_{j+1}]$ für $j = 0, \ldots, N-1$ linearen Funktionen x^h, welche durch die Randpunkte $x_j^h = x^h(t_j)$ für $j = 0, \ldots, N$ repräsentiert werden. Analog zum Raum $X^{x,N}$ definieren wir den Raum $X^{\sigma,N} \subset W_1^\infty(0, T; \mathbb{R}^m)$.

Bei einem zulässigen Paar $(x, u) \in \mathscr{F}$ für die Aufgabe (LQ_v) ist die Systemgleichung $\dot{x}(t) = f(t, x(t), u(t))$ für fast alle $t \in [0, T]$ erfüllt. Für ein zulässiges Paar (x^h, u^h) der diskretisierten Aufgabe fordern wir dies nur an den Gitterpunkten $t_1, \ldots, t_{N-1}$, und wir approximieren die schwache Ableitung $\dot{x}^h$ mit dem expliziten Euler-Verfahren. Es soll also

$$\frac{x_{j+1}^h - x_j^h}{h} = f(t_j, x_j^h, u_j^h) \tag{4.1}$$

---

[1] Die genaue Darstellung dieser Optimierungsaufgabe werden wir in Kapitel 6 behandeln.

beziehungsweise
$$x_{j+1}^h = x_j^h + hf(t_j, x_j^h, u_j^h) \qquad (4.2)$$

für $j = 0, \ldots, N-1$ gelten.
Die Euler-Diskretisierung der Aufgabe (LQ_V) ist dann:

$(LQ_{V,N})$ Minimiere $F^{V,N}(x^h, u^h)$,   (4.3)

          bezüglich $(x^h, u^h) \in X^{x,N} \times X^{u,N}$,   (4.4)

$$x_{j+1}^h = x_j^h + hf(t_j, x_j^h, u_j^h), \quad j = 0, \ldots, N-1, \qquad (4.5)$$

$$x_0^h = a \in \mathbb{R}^n, \qquad (4.6)$$

$$u_j^h \in U, \qquad j = 0, \ldots, N-1, \qquad (4.7)$$

dabei ist

$$
\begin{aligned}
F^{V,N}(x^h, u^h) = {} & \frac{1}{2} \left[x_N^h \right]^\top Q x_N^h + q^\top x_N^h \\
& + h \sum_{j=0}^{N-1} \left(\frac{1}{2} \left[x_j^h \right]^\top W(t_j) x_j^h + w(t_j)^\top x_j^h \right) \\
& + h \sum_{j=0}^{N-1} \left(\frac{V}{2} \left[u_j^h \right]^\top u_j^h + r(t_j)^\top u_j^h \right). \qquad (4.8)
\end{aligned}
$$

Analog zum ursprünglichen Problem definieren wir die Menge der zulässigen Steuerungen
$$\mathscr{U}^N := \left\{ u^h \in X^{u,N} \,\middle|\, u_j^h \in U, \ j = 0, \ldots, N-1 \right\} \qquad (4.9)$$
und die zulässige Menge

$$
\begin{aligned}
\mathscr{F}^N := \Big\{ (x^h, u^h) \in {} & X^{x,N} \times X^{u,N} \,\big|\, u^h \in \mathscr{U}^N, \ x_0^h = a, \\
& x_{j+1}^h = x_j^h + hf(t_j, x_j^h, u_j^h), \ j = 0, \ldots, N-1 \Big\} \qquad (4.10)
\end{aligned}
$$

für die Aufgabe $(LQ_{V,N})$. Eine Lösung der Aufgabe $(LQ_{V,N})$ bezeichnen wir mit $(x^{h,V}, u^{h,V})$. Im nicht regularisierten Fall $V = 0$ verwenden wir auch die Bezeichnungen (LQ_N), F^N und $(x^{h,*}, u^{h,*})$.

Die Differenzengleichung (4.5) mit der Anfangsbedingung (4.6) hat für jede Steuerung $u^h \in \mathscr{U}^N$ genau eine Lösung x^h, welche durch eine von N unabhängige Konstante beschränkt ist, siehe [4], Satz 4.2.1. Somit gilt für die schwache Ableitung $\dot{x}^h$, welche für fast alle $t \in [0,T]$ der rechten Seite der Differenzengleichung (4.1) entspricht:

$$\left| \dot{x}^h(t) \right| \leq L^x \qquad \text{für fast alle } t \in [0,T]. \tag{4.11}$$

Dabei ist L^x o.B.d.A. dieselbe Konstante wie in Abschätzung (2.17), denn falls dies nicht erfüllt wäre, dann wären beide Abschätzungen mit der größeren Konstante erfüllt. Wir können die Lipschitz-Stetigkeit von F auf $\mathscr{F}^N$ erweitern, denn es gilt $\mathscr{U}^n \subset \mathscr{U}$ und x^h ist Lipschitz-stetig für $(x^h, u^h) \in \mathscr{F}^N$. Es gilt also

$$|F(x,u) - F(z,v)| \leq L^F \left(\|x - z\|_\infty + \|u - v\|_1 \right) \tag{4.12}$$

für alle $(x,u), (z,v) \in \mathscr{F} \cup \mathscr{F}^N$, dabei ist L^F o.B.d.A. dieselbe Konstante wie in Abschätzung (2.18).

Die Aufgabe $(LQ_{v,N})$ hat mindestens eine Lösung, siehe [4], Satz 4.2.2, und es gilt das diskrete Maximumprinzip, siehe [4], Satz 4.3.2.

Satz 4.1 *Ein zulässiges Paar* $(x^{h,v}, u^{h,v}) \in \mathscr{F}^N$ *ist genau dann eine Lösung der Aufgabe* $(LQ_{v,N})$, *wenn mit einer Adjungierten* $p^h \in X^{x,N}$ *folgende Bedingungen für* $j = 0, \ldots, N-1$ *erfüllt sind:*

$$(A_N) \qquad \frac{p^h_{j+1} - p^h_j}{h} = -A(t_j)^\top p^h_{j+1} + W(t_j) x^{h,v}_j + w(t_j), \tag{4.13}$$

$$(T_N) \qquad p^h_N = -Q x^{h,v}_N - q, \tag{4.14}$$

$$(M_N) \qquad \left[-v u^{h,v}_j - r(t_j) + B(t_j)^\top p^h_{j+1} \right]^\top (v - u^{h,v}_j) \leq 0 \quad \text{für alle } v \in U. \tag{4.15}$$

Wir definieren im Fall $v = 0$ die diskrete Umschaltfunktion $\sigma^h \in X^{\sigma,N}$, für die mit $j = 0, \ldots, N-1$

$$\sigma^h_j := -r(t_j) + B(t_j)^\top p^h_{j+1} \tag{4.16}$$

und

$$\sigma^h_N := -r(t_N) + B(t_N)^\top p^h_N \tag{4.17}$$

gilt. Für eine optimale Steuerung $u^{h,*} \in \mathscr{U}^N$ der nicht regularisierten Aufgabe (LQ_N) gilt also:

$$u_{i,j}^{h,*} := \begin{cases} b_i^u, & \text{falls } \sigma_{i,j}^h > 0, \\ b_i^l, & \text{falls } \sigma_{i,j}^h < 0, \quad i = 1,\ldots,m, \ j = 0,\ldots,N-1. \quad (4.18) \\ \text{singulär}, & \text{falls } \sigma_{i,j}^h = 0, \end{cases}$$

In den folgenden Abschnitten dieses Kapitels werden wir verschiedene Fehlerabschätzungen für die Euler-Diskretisierung erarbeiten, wir orientieren uns dabei an [2].

4.1 Fehlerabschätzungen für Steuerungen mit beschränkter Variation

Wir setzen zunächst noch nicht voraus, das eine optimale Steuerung u^* der Aufgabe (LQ) eine Bang-Bang-Struktur aufweist. Damit gelten die Aussagen in diesem Abschnitt auch für Steuerungen mit singulären Abschnitten und beschränkter Variation. Für eine auf dem Intervall $[0,T]$ definierte vektorwertige Funktion z bezeichnen wir die totale Variation auf dem Intervall $[a,b] \subseteq [0,T]$ mit

$$V_a^b(z) := \sup\left\{ \sum_{i=1}^k |z(t_i) - z(t_{i-1})| \,\middle|\, k \in \mathbb{N}, \ a \le t_0 < \cdots < t_k \le b \right\}. \quad (4.19)$$

Die Funktion z hat beschränkte Variation, wenn $V_0^T(z) < \infty$ gilt.

Lemma 4.2 ([2], Lemma 3.1). *Es sei $(x,u) \in \mathscr{F}$ und u habe beschränkte Variation. Dann gibt es ein Paar $(x^h, u^h) \in \mathscr{F}^N$, sodass mit von N unabhängigen Konstanten c^1, c^2 und c^3 die folgenden Eigenschaften gelten:*

(i) $\left\| u - u^h \right\|_1 \le h V_0^T(u),$

(ii) $\left\| u - u^h \right\|_2 \le \sqrt{h} V_0^T(u),$

(iii) $\left\| x - x^h \right\|_\infty \le h c^1 V_0^T(\dot{x}) \le h \left(c^2 + c^3 V_0^T(u) \right).$

Beweis. Es sei $u^h \in \mathscr{U}^N$ die stückweise konstante Funktion mit $u_j^h = \text{Proj}_U(u(t_j))^2$ für $j = 0,\ldots,N-1$. Dann gilt $u^h \in \mathscr{U}$. Für fast alle $s \in [t_j, t_{j+1}]$ gilt nach Definition der totalen Variation

---

[2] Im Gegensatz zu dem Beweis in [2] verwenden wir die Projektion von $u(t_j)$ auf U. Dadurch gilt $u^h \in \mathscr{U}^N$, selbst wenn für einzelne j die Bedingung $u(t_j) \in U$ nicht erfüllt ist.

$$\left| u(s) - \text{Proj}_U(u(t_j)) \right| \le \left| u(s) - \text{Proj}_U(u(t_j)) \right| + \left| \text{Proj}_U(u(t_{j+1})) - u(s) \right|$$
$$\le V_{t_j}^{t_{j+1}} \left(\text{Proj}_U(u) \right) \le V_{t_j}^{t_{j+1}}(u). \tag{4.20}$$

Es folgt

$$
\begin{aligned}
\left\| u - u^h \right\|_1 &= \int_0^T \left| u(s) - u^h(s) \right| ds \\
&= \sum_{j=0}^{N-1} \int_{t_j}^{t_{j+1}} \left| u(s) - \text{Proj}_U(u(t_j)) \right| ds \\
&\le \sum_{j=0}^{N-1} h V_{t_j}^{t_{j+1}}(u) = h V_0^T(u),
\end{aligned}
\tag{4.21}
$$

und somit (i).

Aus Abschätzung (4.20) folgt auch

$$
\begin{aligned}
\left\| u - u^h \right\|_2^2 &= \int_0^T \left| u(s) - u^h(s) \right|^2 ds \\
&= \sum_{j=0}^{N-1} \int_{t_j}^{t_{j+1}} \left| u(s) - \text{Proj}_U(u(t_j)) \right|^2 ds \\
&\le \sum_{j=0}^{N-1} \int_{t_j}^{t_{j+1}} \left(V_{t_j}^{t_{j+1}}(u) \right)^2 ds = \sum_{j=0}^{N-1} h \left(V_{t_j}^{t_{j+1}}(u) \right)^2.
\end{aligned}
\tag{4.22}
$$

Mit

$$
\begin{aligned}
\sum_{j=0}^{N-1} h \left(V_{t_j}^{t_{j+1}}(u) \right)^2 &= h \left(\sum_{j=0}^{N-1} V_{t_j}^{t_{j+1}}(u) \right)^2 - h \sum_{\substack{i,j=0,\dots,N-1, \\ i \ne j}} V_{t_j}^{t_{j+1}}(u) V_{t_j}^{t_{j+1}}(u) \\
&\le h \left(\sum_{j=0}^{N-1} V_{t_j}^{t_{j+1}}(u) \right)^2 = h \left(V_0^T(u) \right)^2
\end{aligned}
\tag{4.23}
$$

folgt aus Abschätzung (4.22)

$$\left\| u - u^h \right\|_2^2 \leq h \left(V_0^T(u) \right)^2, \tag{4.24}$$

und somit (ii).

Es sei $x^h \in X^{x,N}$ die Lösung der Differenzengleichung (4.5) mit der Anfangsbedingung (4.6) für u^h, dann gilt $(x^h, u^h) \in \mathscr{F}^N$.

Die Steuerung u hat beschränkte Variation und x liegt in $W_1^\infty(0, T; \mathbb{R}^n)$, und hat somit auch beschränkte Variation. Die Funktion $\dot{x}$ ist die linke Seite der Systemgleichung (2.3) mit Lipschitz-stetigen Funktionen A, B und b, also hat auch $\dot{x}$ beschränkte Variation. Nach [16], Theorem 6.1 und Gleichung (7) auf Seite 10, gilt die folgende Abschätzung:

$$\max_{1 \leq j \leq N} \left| x^h(t_j) - x(t_j) \right| \leq 2T \exp\left(T \left\| A \right\|_\infty \right) h V_0^T(\dot{x}). \tag{4.25}$$

Die Funktion $\dot{x}$ ist fast überall beschränkt. Die schwache Ableitung $\dot{x}^h$ entspricht fast überall der rechten Seite der Differenzengleichung (4.1) mit dem jeweiligen j, also ist auch $\dot{x}^h$ fast überall beschränkt. Mit Abschätzung (4.25) existiert eine von N unabhängige Konstante c^1, sodass gilt:

$$\left\| x - x^h \right\|_\infty \leq h c^1 V_0^T(\dot{x}). \tag{4.26}$$

Mit den Lipschitz-Konstanten L^A, L^B und L^b der Funktionen A, B und b gilt für fast alle $s, t \in [0, T]$

$$
\begin{aligned}
|\dot{x}(t) - \dot{x}(s)| &\leq |A(t)x(t) - A(s)x(s)| \\
&\quad + |B(t)u(t) - B(s)u(s)| + |b(t) - b(s)| \\
&\leq L^A \left\| x \right\|_\infty |t - s| + \left\| A \right\|_\infty |x(t) - x(s)| \\
&\quad + L^B \left\| u \right\|_\infty |t - s| + \left\| B \right\|_\infty |u(t) - u(s)| + L^b |t - s|.
\end{aligned} \tag{4.27}
$$

Mit Gleichung (2.17) und der Beschränktheit von U gilt

$$V_0^T(\dot{x}) \leq \left(L^A \left\| x \right\|_\infty + L^x \left\| A \right\|_\infty + L^B c^u + L^b \right) T + \left\| B \right\|_\infty V_0^T(u) \tag{4.28}$$

mit einer von N unabhängigen Konstanten c^u. Mit (4.26) folgt (iii). $\square$

Ein Paar $(x^h, u^h) \in \mathscr{F}^N$, welches die Eigenschaften (i) bis (iii) aus Lemma 4.2 erfüllt, bezeichnen wir als Euler-Approximation von $(x, u) \in \mathscr{F}$.

Lemma 4.3 ([2], Lemma 3.2). *Es sei* $(x^h, u^h) \in \mathscr{F}^N$. *Dann existiert eine Funktion z, sodass* $(z, u^h) \in \mathscr{F}$ *und*

$$\left\| z - x^h \right\|_\infty \leq ch \tag{4.29}$$

mit einer von N und der Wahl von $(x^h, u^h) \in \mathscr{F}^N$ *unabhängigen Konstante c gelten.*

Beweis. Es gilt $u^h(t) \in U$ für alle $t \in [0, T]$ und somit $u^h \in \mathscr{U}$. Es sei z die eindeutige Lösung der Systemgleichung (2.3) mit der Anfangsbedingung (2.4) und der Steuerung u^h. Somit gilt $(z, u^h) \in \mathscr{F}$.

Für $j = 0, \ldots, N-1$, $t \in (t_j, t_{j+1})$ gilt

$$\dot{x}^h(t) = A(t_j)x^h(t_j) + B(t_j)u^h(t) + b(t_j). \tag{4.30}$$

Also löst x^h die Differentialgleichung

$$\dot{x}^h(t) = A(t)x^h(t) + B(t)u^h(t) + b(t) + y(t) \qquad \text{für fast alle } t \in [0, T], \tag{4.31}$$

dabei ist

$$y(t) = A(t_j)x^h(t_j) - A(t)x^h(t) + \left(B(t_j) - B(t)\right)u^h(t) + b(t_j) - b(t) \tag{4.32}$$

für $t \in [t_j, t_{j+1})$ mit $j = 0, \ldots, N-1$. Es gilt $y(t_j) = 0$ für $j = 0, \ldots, N-1$. Weiterhin gelten mit den von N unabhängigen Lipschitz-Konstanten L^A, L^B, L^b und L^x für $j = 0, \ldots, N-1$, $t \in (t_j, t_{j+1})$

$$\left| A(t_j)x^h(t_j) - A(t)x^h(t) \right|$$

$$\leq \left| A(t_j)x^h(t_j) - A(t)x^h(t_j) \right| + \left| A(t)x^h(t_j) - A(t)x^h(t) \right|$$

$$= \left| (A(t_j) - A(t))x^h(t_j) \right| + \left| A(t)\left(x^h(t_j) - x^h(t)\right) \right| \tag{4.33}$$

$$\leq L^A \left| t_j - t \right| \left| x^h(t^j) \right| + \|A(t)\| L^x \left| t_j - t \right|$$

$$\leq L^A \left(|a| + L^x T\right) h + \left(\|A(0)\| + L^A T\right) L^x h,$$

sowie

$$\left\| B(t_j) - B(t) \right\| \leq L^B \left| t_j - t \right| \leq L^B h, \tag{4.34}$$

und

$$\left| b(t_j) - b(t) \right| \leq L^b \left| t_j - t \right| \leq L^b h. \tag{4.35}$$

Mit der Beschränktheit von u^h existiert eine von N unabhängige Konstante c^1, sodass für alle $(x^h, u^h) \in \mathscr{F}^N$ gilt:

$$|y(t)| \leq c^1 h \qquad \text{für fast alle } t \in [0, T]. \tag{4.36}$$

Die Trajektorie z ist die Lösung der Systemgleichung (2.3) mit der Anfangsbedingung (2.4) und der Steuerung $u = u^h$, und die Trajektorie x^h ist die Lösung des durch y gestörten Systems. Mit der Beschränktheit von y gilt

$$\left\| z - x^h \right\|_\infty \leq c^2 \left\| y \right\|_\infty \leq c^1 c^2 h \tag{4.37}$$

mit einer von N unabhängigen Konstanten c^2.   □

Lemma 4.4 ([2], Lemma 3.3). *Es sei* $(x^h, u^h) \in \mathscr{F}^N$. *Dann gilt*

$$\left| F^V(x^h, u^h) - F^{V,N}(x^h, u^h) \right| \leq ch \tag{4.38}$$

für $v \geq 0$ *mit einer von* N, v *und der Wahl von* $(x^h, u^h) \in \mathscr{F}^N$ *unabhängigen Konstanten* c.

Beweis. Es sei $(x^h, u^h) \in \mathscr{F}^N$ beliebig gewählt. Dann gelten wegen (4.11)

$$\left\| x^h \right\|_\infty \leq |a| + L^x T = c^x \tag{4.39}$$

und wegen der Beschränktheit von U

$$\left\| u^h \right\|_\infty \leq c^u \tag{4.40}$$

mit von N und der Wahl von $(x^h, u^h) \in \mathscr{F}^N$ unabhängigen Konstanten c^x und c^u.
Wegen

$$\int_0^T \frac{v}{2} u^h(t)^\top u^h(t) = h \sum_{j=0}^{N-1} \frac{v}{2} \left[u_j^h \right]^\top u_j^h \tag{4.41}$$

gilt

$$F^V(x^h, u^h) - F^{V,N}(x^h, u^h) = \sum_{j=0}^{N-1} \int_{t_j}^{t_{j+1}} \frac{1}{2} I^1(t) + I^2(t) + I^3(t) \, dt, \tag{4.42}$$

dabei ist für $t \in [t_j, t_{j+1})$ mit $j = 0, \ldots, N-1$

$$I^1(t) = x^h(t)^\top W(t) x^h(t) - x^h(t_j)^\top W(t_j) x^h(t_j), \tag{4.43}$$

$$I^2(t) = w(t)^\top x^h(t) - w(t_j)^\top x^h(t_j), \tag{4.44}$$

$$I^3(t) = r(t)^\top u^h(t) - r(t_j)^\top u^h(t_j). \tag{4.45}$$

Wir werden nun mit den Gleichungen (4.11), (4.39) und (4.40) die Beschränktheit von I^1, I^2 und I^3 zeigen. Aus

$$
\begin{aligned}
I^1(t) = & \; x^h(t)^\top W(t) x^h(t) - x^h(t_j)^\top W(t_j) x^h(t_j) \\
& + x^h(t)^\top W(t) x^h(t_j) - x^h(t)^\top W(t) x^h(t_j) \\
& + x^h(t_j)^\top W(t) x^h(t_j) - x^h(t_j)^\top W(t) x^h(t_j) \\
= & \; x^h(t)^\top W(t) x^h(t) - x^h(t)^\top W(t) x^h(t_j) \\
& + x^h(t_j)^\top W(t) x^h(t) - x^h(t_j)^\top W(t) x^h(t_j) \\
& + x^h(t_j)^\top W(t) x^h(t_j) - x^h(t_j)^\top W(t_j) x^h(t_j) \\
= & \; \left[x^h(t) + x^h(t_j) \right]^\top W(t) \left[x^h(t) - x^h(t_j) \right] \\
& + x^h(t_j)^\top [W(t) - W(t_j)] x^h(t_j)
\end{aligned}
\tag{4.46}
$$

folgt

$$\left| I^1(t) \right| \leq 2 c^x \, \|W(t)\| \, L^x h + (c^x)^2 L^W h, \tag{4.47}$$

aus

$$
\begin{aligned}
I^2(t) = & \; w(t)^\top x^h(t) - w(t_j)^\top x^h(t_j) + w(t)^\top x^h(t_j) - w(t)^\top x^h(t_j) \\
= & \; w(t)^\top \left[x^h(t) - x^h(t_j) \right] + [w(t) - w(t_j)]^\top x^h(t_j)
\end{aligned}
\tag{4.48}
$$

folgt

$$\left| I^2(t) \right| \leq |w(t)| L^x h + c^x L^W h, \tag{4.49}$$

und aus

$$
\begin{aligned}
I^3(t) = & \; r(t)^\top u^h(t) - r(t_j)^\top u^h(t_j) + r(t)^\top u^h(t_j) - r(t)^\top u^h(t_j) \\
= & \; r(t)^\top \left[u^h(t) - u^h(t_j) \right] + [r(t) - r(t_j)]^\top u^h(t_j) \\
= & \; [r(t) - r(t_j)]^\top u^h(t_j)
\end{aligned}
\tag{4.50}
$$

folgt

$$\left| I^3(t) \right| \leq c^u L^r h \qquad (4.51)$$

für $t \in [t_j, t_{j+1})$, $j = 0, \ldots, N-1$, wobei L^W, L^w und L^r die Lipschitz-Konstanten der Funktionen W, w und r sind. Mit Gleichung (4.42) existiert also eine von N und der Wahl von $(x^h, u^h) \in \mathscr{F}^N$ unabhängigen Konstanten $\hat{c}$, sodass gilt

$$\left| F^v(x^h, u^h) - F^{v,N}(x^h, u^h) \right| \leq \sum_{j=0}^{N-1} \int_{t_j}^{t_{j+1}} \hat{c} h \, dt = \hat{c} T h, \qquad (4.52)$$

woraus die zu beweisende Aussage folgt. □

Wir können nun zeigen, dass für $v \geq 0$ der optimale Wert des Zielfunktionals F^v der Aufgabe (LQ_v) durch den optimalen Wert des Zielfunktionals $F^{v,N}$ der diskretisierten Aufgabe $(LQ_{v,N})$ approximiert werden kann, falls eine optimale Steuerung der Aufgabe (LQ_v) beschränkte Variation hat. Die Aussage wurde in [2], Theorem 3.4, für den Fall $v = 0$ bewiesen.

Satz 4.5 *Es sei* $v \geq 0$, $(x^v, u^v) \in \mathscr{F}$ *sei eine Lösung von* (LQ_v) *und* u^v *habe beschränkte Variation. Dann existieren von N und v unabhängige Konstanten c^F und c^v, sodass für jede Lösung* $(x^{h,v}, u^{h,v}) \in \mathscr{F}^N$ *von* $(LQ_{v,N})$ *gilt*

$$\left| F^{v,N}(x^{h,v}, u^{h,v}) - F^v(x^v, u^v) \right| \leq \left(c^F + c^v v \right) h. \qquad (4.53)$$

Beweis. Wir zeigen zunächst, dass das Zielfunktional F^v für $v \geq 0$ Lipschitz-stetig ist, wobei die Lipschitz-Konstante von v abhängt. Es seien $(x, u), (z, v) \in \mathscr{F} \cup \mathscr{F}^N$. Wegen der Beschränktheit von U gilt mit der Konstante $L^u = \max_{u \in U} |u|$ für fast alle $t \in [0, T]$

$$\begin{aligned}
\left| |u(t)|^2 - |v(t)|^2 \right| &= \left| (u(t) + v(t))^\top (u(t) - v(t)) \right| \\
&\leq (|u(t)| + |v(t)|) |u(t) - v(t)| \\
&\leq 2L^u |(u(t) - v(t))| .
\end{aligned} \qquad (4.54)$$

Mit Abschätzung (4.12) gilt nun

$$\left| F^V(x,u) - F^V(z,v) \right| \leq \left| F(x,u) - F(z,v) \right| + \frac{v}{2} \left| \|u\|_2^2 - \|v\|_2^2 \right|$$

$$\leq \left| F(x,u) - F(z,v) \right| + \frac{v}{2} \int_0^T \left| |u(t)|^2 - |v(t)|^2 \right| \, dt \qquad (4.55)$$

$$\leq L^F \left(\|x - z\|_\infty + \|u - v\|_1 \right) + vL^u \|u - v\|_1$$

Nach Lemma 4.2, (i) und (iii), und mit der beschränkten Variation von u^v existiert ein zulässiges Paar $(x^h, u^h) \in \mathscr{F}^N$, sodass mit von v, N und $(x^v, u^v) \in \mathscr{F}$ unabhängigen Konstanten c^u und c^x gilt:

$$\left\| u^h - u^v \right\|_1 \leq c^u h, \qquad (4.56)$$

$$\left\| x^h - x^v \right\|_\infty \leq c^x h. \qquad (4.57)$$

Es sei $(x^{h,v}, u^{h,v}) \in \mathscr{F}^N$ eine Lösung der Aufgabe $(LQ_{v,N})$. Wegen der Optimalität von $(x^{h,v}, u^{h,v})$, Lemma 4.4, Abschätzung (4.55) und den Abschätzungen (4.56) und (4.57) gilt

$$F^{v,N}(x^{h,v}, u^{h,v}) - F^v(x^v, u^v)$$
$$\leq F^{v,N}(x^h, u^h) - F^v(x^v, u^v)$$
$$= F^{v,N}(x^h, u^h) - F^v(x^h, u^h) + F^v(x^h, u^h) - F^v(x^v, u^v) \qquad (4.58)$$
$$\leq \left| F^{v,N}(x^h, u^h) - F^v(x^h, u^h) \right| + \left| F^v(x^h, u^h) - F^v(x^v, u^v) \right|$$
$$\leq c^1 h + L^F \left(c^u + c^x \right) h + vL^u c^u h,$$

wobei c^1 unabhängig von v, N und (x^h, u^h) ist.

Nach Lemma 4.3 existiert eine Trajektorie z, sodass $(z, u^{h,v}) \in \mathscr{F}$ und

$$\left\| z - x^{h,v} \right\|_\infty \leq c^2 h \qquad (4.59)$$

mit einer von v, N und (x^v, u^v) unabhängigen Konstanten c^2 gilt. Wegen der Optimalität von (x^v, u^v), den Abschätzungen (4.55) und (4.59) und Lemma 4.4 gilt

$$F^V(x^V, u^V) - F^{V,N}(x^{h,V}, u^{h,V})$$
$$\leq F^V(z, u^{h,V}) - F^{V,N}(x^{h,V}, u^{h,V})$$
$$\leq \left| F^V(z, u^{h,V}) - F^V(x^{h,V}, u^{h,V}) \right| + \left| F^V(x^{h,V}, u^{h,V}) - F^{V,N}(x^{h,V}, u^{h,V}) \right| \qquad (4.60)$$
$$\leq L^F c^2 h + c^1 h.$$

Mit Abschätzung (4.58) erhalten wir die zu beweisende Abschätzung.   □

4.2 Fehlerabschätzungen für Bang-Bang-Steuerungen

Wir wollen nun Aufgaben vom Typ (LQ) untersuchen, bei denen die optimale Steuerung eindeutig ist und eine Bang-Bang-Struktur aufweist. Daher setzen wir voraus, dass eine Lösung von (LQ) existiert, welche die Voraussetzungen (V3.1) und (V3.2) erfüllt. Somit können wir mit der Lösungsdarstellung (2.23) einen Repräsentanten mit beschränkter Variation finden und die Aussagen aus dem vorherigen Abschnitt anwenden.

Nachdem wir bereits die Konvergenz des Zielfunktionals gezeigt haben, wollen wir nun zunächst die diskreten Lösungen und Adjungierten untersuchen.

Satz 4.6 ([2], Theorem 4.3) *Es sei (x^*, u^*) eine Lösung der Aufgabe (LQ) mit der Adjungierten p, welche die Voraussetzungen (V3.1) und (V3.2) erfüllt. Dann gilt für hinreichend große N mit von N unabhängigen Konstanten c^u, c^x und c^p für jede Lösung $(x^{h,*}, u^{h,*})$ der Aufgabe (LQ_N) mit der diskreten Adjungierten p^h:*

(i) $\left\| u^{h,*} - u^* \right\|_1 \leq c^u \sqrt{h}$,

(ii) $\left\| x^{h,*} - x^* \right\|_\infty \leq c^x \sqrt{h}$,

(iii) $\left\| p^h - p \right\|_\infty \leq c^p \sqrt{h}$.

Beweis. Nach Lemma 4.2, (i) und (iii), und mit der beschränkten Variation von u^* existiert ein zulässiges Paar $(x^h, u^h) \in \mathscr{F}^N$, sodass mit von N unabhängigen Konstanten c^1 und c^2 die folgenden Eigenschaften gelten:

$$\left\| u^* - u^h \right\|_1 \leq c^1 h, \qquad \left\| x^* - x^h \right\|_\infty \leq c^2 h. \qquad (4.61)$$

Es sei nun $(x^{h,*}, u^{h,*})$ eine Lösung der Aufgabe (LQ_N), dann existiert nach Lemma 4.3 eine Trajektorie z mit $(z, u^{h,*}) \in \mathscr{F}$ und

$$\left\| z - x^{h,*} \right\|_\infty \leq c^3 h \qquad (4.62)$$

mit einer von N und $(x^{h,*}, u^{h,*})$ unabhängigen Konstanten c^3. Nach Satz 3.3 gilt mit von (x^*, u^*) unabhängigen Konstanten $\hat{\alpha}, \gamma, \hat{\delta} > 0$ im Fall $\left\| u^{h,*} - u^* \right\|_1 \leq 2\gamma\hat{\delta}$ die Abschätzung

$$F(z, u^{h,*}) - F(x^*, u^*) \geq \hat{\alpha} \left(\left\| u^{h,*} - u^* \right\|_1^2 + \left\| z - x^* \right\|_{1,1}^2 \right) \qquad (4.63)$$

und im Fall $\left\| u^{h,*} - u^* \right\|_1 > 2\gamma\hat{\delta}$ die Abschätzung

$$F(z, u^{h,*}) - F(x^*, u^*) \geq \hat{\alpha} \left(\left\| u^{h,*} - u^* \right\|_1 + \left\| z - x^* \right\|_{1,1} \right). \qquad (4.64)$$

Wir verwenden nun die Optimalität von $(x^{h,*}, u^{h,*})$, die Abschätzung aus Lemma 4.4 mit der Konstanten c, die Lipschitz-Stetigkeit von F gemäß Abschätzung (4.12) und die Abschätzungen (4.61) und (4.62). Wir erhalten die Abschätzung

$$
\begin{aligned}
0 \leq{} & F(z, u^{h,*}) - F(x^*, u^*) \\
={} & F(z, u^{h,*}) - F(x^{h,*}, u^{h,*}) + F(x^{h,*}, u^{h,*}) \\
& - F^N(x^{h,*}, u^{h,*}) + F^N(x^{h,*}, u^{h,*}) - F(x^h, u^h) + F(x^h, u^h) - F(x^*, u^*) \\
\leq{} & F(z, u^{h,*}) - F(x^{h,*}, u^{h,*}) + F(x^{h,*}, u^{h,*}) \\
& - F^N(x^{h,*}, u^{h,*}) + F^N(x^h, u^h) - F(x^h, u^h) + F(x^h, u^h) - F(x^*, u^*) \\
\leq{} & \left(L^F c^3 + c + c + L^F \left(c^1 + c^2 \right) \right) h
\end{aligned}
\qquad (4.65)
$$

Mit den Abschätzungen (4.63) und (4.64) (siehe auch Abschätzung (3.40) und Abschätzung (3.41)) gilt mit einer von N unabhängigen Konstanten c^4

$$\left\| u^{h,*} - u^* \right\|_1 \leq c^4 \max \left\{ \sqrt{h}, h \right\}. \qquad (4.66)$$

Somit gilt für hinreichend kleine h die Abschätzung (4.63), und mit der Abschätzung (4.65) erhalten wir (i) und

$$\left\| z - x^* \right\|_{1,1} \leq c^5 \sqrt{h} \qquad (4.67)$$

mit einer von N unabhängigen Konstanten c^5.

Wegen

$$|z(t) - x^*(t)| \leq |z(0) - x^*(0)| + \int_0^t |\dot{z}(s) - \dot{x}^*(s)|\, dt$$

$$\leq |z(0) - x^*(0)| + \int_0^T |\dot{z}(0) - \dot{x}^*(0)|\, dt \qquad (4.68)$$

$$= \|z - x^*\|_{1,1} \qquad \text{für alle } t \in [0,T]$$

gilt

$$\left\| x^* - x^{h,*} \right\|_\infty \leq \left\| x^* - z \right\|_\infty + \left\| z - x^{h,*} \right\|_\infty \leq \|z - x^*\|_{1,1} + \left\| z - x^{h,*} \right\|_\infty. \qquad (4.69)$$

Mit den Abschätzungen (4.62) und (4.67) und erhalten wir (ii) für hinreichend kleine h.

Es sei nun Φ die eindeutige Lösung der Differentialgleichung

$$\dot{\Phi}(t) = -A(t)^\top \Phi(t) \qquad \text{für alle } t \in [0,T], \qquad (4.70)$$

$$\Phi(0) = E^n. \qquad (4.71)$$

Weiterhin sei $\mu \in W_1^\infty(0,T;\mathbb{R}^n)$ die Lösung der Adjungierten-Gleichung (A)

$$\dot{\mu}(t) = -A(t)^\top \mu(t) + W(t)x^*(t) + w(t) \qquad \text{für fast alle } t \in [0,T] \qquad (4.72)$$

mit der diskreten Transversalitätsbedingung (T_N)

$$\mu(T) = -Qx^{h,*}(T) - q. \qquad (4.73)$$

Nach Gleichung (2.14) gilt

$$\mu(t) - p(t) = \Phi(t)Q\left(x^{h,*}(T) - x^*(T)\right) \qquad \text{für fast alle } t \in [0,T]. \qquad (4.74)$$

Da A Lipschitz-stetig und somit beschränkt ist, gilt mit einer von N unabhängigen Konstanten c^1

$$\|\mu - p\|_\infty \leq c^1 \left| x^{h,*}(T) - x^*(T) \right|. \qquad (4.75)$$

Wir setzen die Lösungsformel für $\mu(t)$ (siehe Gleichung (2.14)) die Randbedingung (4.73) in Gleichung (4.72) ein und erhalten für fast alle $t \in [0, T]$

$$\dot{\mu}(t) = A(t)^{\top} \Phi(t) \left(Q x^{h,*}(T) + q \right)$$

$$+ A(t)^{\top} \Phi(t) \int_{t}^{T} \Phi(s)^{-1} \left(W(s) x^*(s) + w(s) \right) ds + W(t) x^*(t) + w(t). \qquad (4.76)$$

Die optimale Trajektorie x^* ist eindeutig für die Aufgabe (LQ), daher definieren wir:

$$c^2 := V_0^T \left(A(\cdot)^{\top} \Phi(\cdot) \right), \qquad (4.77)$$

$$c^3 := V_0^T \left(A(\cdot)^{\top} \Phi(\cdot) \int_{[\cdot, T]} \Phi(s)^{-1} \left(W(s) x^*(s) + w(s) \right) ds \right.$$

$$+ W(\cdot) x^*(\cdot) + w(\cdot) \Bigg). \qquad (4.78)$$

Nach Gleichung (4.76) gilt

$$V_0^T(\dot{\mu}) \le c^2 \left| -Q x^{h,*}(T) - q \right| + c^3, \qquad (4.79)$$

Die Funktion $\dot{\mu}$ hat also beschränkte Variation. Mit der Lösung $\mu^h \in X^{x,N}$ der Differenzengleichung

$$\frac{\mu_{j+1}^h - \mu_j^h}{h} = -A(t_j)^{\top} \mu_{j+1}^h + W(t_j) x^*(t_j) + w(t_j), \qquad j = 0, \ldots, N-1 \quad (4.80)$$

und der Transversalitätsbedingung $\mu_N^h = -Q x^{h,*}(T) - q$ gilt nach [16], Theorem 6.1 und Gleichung (7) auf Seite 10, die Abschätzung

$$\max_{0 \le j \le N-1} \left| \mu^h(t_j) - \mu(t_j) \right| \le 2T \exp\left(T \|A\|_{\infty} \right) h V_0^T(\dot{\mu}). \qquad (4.81)$$

Mit (ii) gilt für hinreichend kleine h mit einer von N unabhängigen Konstanten c^{μ}

$$\max_{0 \le j \le N-1} \left| p^h(t_j) - \mu^h(t_j) \right| \le c^{\mu} \sqrt{h}. \qquad (4.82)$$

Mit den Abschätzungen (4.75) und (4.81) gilt

$$\max_{0 \le j \le N-1} \left| p^h(t_j) - p(t_j) \right| \le \max_{0 \le j \le N-1} \left(\left| p^h(t_j) - \mu^h(t_j) \right| + \left| \mu^h(t_j) - \mu(t_j) \right| \right.$$

$$\left. + \left| \mu(t_j) - p(t_j) \right| \right) \tag{4.83}$$

$$\le c^1 \left| x^{h,*}(T) - x^*(T) \right| + c^4 \sqrt{h}$$

mit einer von N unabhängigen Konstanten c^4. Mit (ii) und der Lipschitz-Stetigkeit von p und p^h folgt (iii). $\qquad\square$

Mit der Lipschitz-Stetigkeit von r und B folgt aus Satz 4.6 (iii) die folgende Aussage, siehe auch [3], Theorem 2.3.

Korollar 4.7 ([2], Corollary 4.4) *Es sei* (x^*, u^*) *eine Lösung der Aufgabe* (LQ) *mit der Umschaltfunktion* σ, *welche die Voraussetzungen (V3.1) und (V3.2) erfüllt. Dann gilt für hinreichend große N mit einer von N unabhängigen Konstanten* c^σ *für jede Lösung* $(x^{h,*}, u^{h,*})$ *der Aufgabe* (LQ$_N$) *mit der diskreten Umschaltfunktion* σ^h:

$$\max_{t \in [0,T]} \left| \sigma^h(t) - \sigma(t) \right| \le c^\sigma h. \tag{4.84}$$

Wir wollen nun untersuchen, wie wir eine Abschätzung der Form (4.84) nutzen können, um nahezu eine Bang-Bang-Struktur einer optimalen Steuerung von Aufgabe (LQ$_N$) zu zeigen.

Satz 4.8 ([2], Theorem 4.5) *Es sei* (x^*, u^*) *eine Lösung der Aufgabe* (LQ) *mit der Umschaltfunktion* σ. *Wenn für* (x^*, u^*) *die Voraussetzungen (V3.1) und (V3.2) erfüllt sind und für hinreichend großes N mit von N unabhängigen Konstanten*[3] c^σ *und* $\beta \in (0,1]$

$$\max_{t \in [0,T]} \left| \sigma^h(t) - \sigma(t) \right| \le c^\sigma h^\beta \tag{4.85}$$

für jede Lösung $(x^{h,*}, u^{h,*})$ *der Aufgabe* (LQ$_N$) *mit der Umschaltfunktion* σ^h *erfüllt ist, dann existiert eine von N unabhängige Konstante* κ, *sodass für hinreichend großes N jede für die Aufgabe* (LQ$_N$) *optimale Steuerung* $u^{h,*}$ *mit* u^* *übereinstimmt, außer auf einer Menge vom Lebesgue-Maß* $\le \kappa h^\beta$.

---

[3] Anders als in [2] fordern wir auch $\beta \le 1$, da für $\beta > 1$ die Gleichung (4.100) nicht erfüllt ist. In [2] wird der Satz auch nur mit $\beta \in (0,1]$ weiterverwendet.

Beweis. Es sei $i \in \{1, \ldots, m\}$. Mit der Konstante $\hat{\tau}$ aus Voraussetzung (V3.2) definieren wir wie im Beweis von Lemma 3.2 für $\delta \in (0, \hat{\tau}]$

$$I_i^-(\delta) := \bigcup_{s \in \Sigma_i} [s - \delta, s + \delta], \tag{4.86}$$

$$I_i^+(\delta) := [0, T] \setminus I_i^-(\delta), \tag{4.87}$$

$$\sigma_i^{\min} := \min_{t \in I_i^+(\hat{\tau})} |\sigma_i(t)|. \tag{4.88}$$

Nach Abschätzung (4.85) gilt für $t \in [0, T]$

$$\begin{aligned}
0 &\geq \left| \sigma_i(t) - \sigma_i^h(t) \right| - c^\sigma h^\beta \\
&\geq \left| |\sigma_i(t)| - |\sigma_i^h(t)| \right| - c^\sigma h^\beta \geq |\sigma_i(t)| - \left| \sigma_i^h(t) \right| - c^\sigma h^\beta.
\end{aligned} \tag{4.89}$$

Daraus folgt mit Gleichung (4.88) für $t \in I_i^+(\hat{\tau})$

$$\left| \sigma_i^h(t) \right| \geq |\sigma_i(t)| - c^\sigma h^\beta \geq \sigma_i^{\min} - c^\sigma h^\beta. \tag{4.90}$$

Für hinreichend kleine h gilt

$$h^\beta \leq \frac{\sigma_i^{\min}}{2c^\sigma} \tag{4.91}$$

und somit

$$\left| \sigma_i^h(t) \right| \geq \frac{\sigma_i^{\min}}{2} \quad \text{für alle } t \in I_i^+(\hat{\tau}). \tag{4.92}$$

Aus den Abschätzungen (4.89) und (3.14) in Voraussetzung (V3.2) folgt auch für jedes $s \in \Sigma_i$ und für alle $t \in [s - \hat{\tau}, s + \hat{\tau}]$ die Abschätzung

$$\left| \sigma_i^h(t) \right| \geq |\sigma_i(t)| - c^\sigma h^\beta \geq \hat{\sigma} |t - s| - c^\sigma h^\beta. \tag{4.93}$$

Es gilt somit $\left| \sigma_i^h(t) \right| > 0$ für

$$\hat{\tau} \geq |t - s| > \frac{c^\sigma}{\hat{\sigma}} h^\beta. \tag{4.94}$$

Es sei nun $s \in \Sigma_i$ und $\lambda \in \{1, \ldots, N-1\}$ sei der Index, für welchen $s \in [t_\lambda, t_{\lambda+1})$ gilt. Wegen Voraussetzung (V3.1) gilt $t_1 \leq s < N - 1$ für hinreichend kleine h.

Weiterhin wählen wir $k \in \mathbb{N}$ als die kleinste natürliche Zahl, für welche

$$kh > \frac{c^\sigma}{\hat{\sigma}} h^\beta \qquad (4.95)$$

erfüllt ist. Es gelten

$$t_{\lambda+k+1} - s \geq t_{\lambda+k+1} - t_{\lambda+1} = kh > \frac{c^\sigma}{\hat{\sigma}} h^\beta \qquad (4.96)$$

und

$$s - t_{\lambda-k} \geq t_\lambda - t_{\lambda-k} = kh > \frac{c^\sigma}{\hat{\sigma}} h^\beta. \qquad (4.97)$$

Für hinreichend kleine h liegen die verwendeten Gitterpunkte in $[0, T]$. Wegen der Wahl von k gilt außerdem

$$\frac{c^\sigma}{\hat{\sigma}} h^{\beta-1} < k \leq \frac{c^\sigma}{\hat{\sigma}} h^{\beta-1} + 1. \qquad (4.98)$$

Wir definieren nun

$$k_s^+ := \lambda + k + 1, \qquad k_s^- := \lambda - k. \qquad (4.99)$$

Für $\beta \leq 1$ gilt für $h \leq T$

$$h^{1-\beta} \leq T^{1-\beta}. \qquad (4.100)$$

Mit den Ungleichungen (4.96), (4.97) und (4.98) folgt

$$\begin{aligned}
t_{k_s^+} - t_{k_s^-} &= (2k+1)\,h \\
&\leq \left(2\frac{c^\sigma}{\hat{\sigma}} h^{\beta-1} + 3 \right) h \\
&= \left(2\frac{c^\sigma}{\hat{\sigma}} + 3h^{1-\beta} \right) h^\beta \\
&\leq \left(2\frac{c^\sigma}{\hat{\sigma}} + 3T^{1-\beta} \right) h^\beta := \hat{\kappa} h^\beta,
\end{aligned} \qquad (4.101)$$

dabei hängt $\hat{\kappa}$ nicht von h ab. Somit gilt für hinreichend kleine h

$$[t_{k_s^-} - t_{k_s^+}] \subset [s - \hat{\tau}, s + \hat{\tau}]. \qquad (4.102)$$

Aus Ungleichung (4.94) folgt $\left|\sigma_i^h(t)\right| > 0$ für $t \in [s - \hat{\tau}, t_{k_s^-}]$ und für $t \in [t_{k_s^+}, s + \hat{\tau}]$. Wir definieren nun

$$I_i^- := \bigcup_{s \in \Sigma_i} [t_{k_s^-}, t_{k_s^+}], \qquad I_i^+ := [0, T] \setminus I_i^-. \tag{4.103}$$

Es gelten $I_i^- \subset I_i^-(\hat{\tau})$ und $I_i^+ \supset I_i^+(\hat{\tau})$. Mit Abschätzung (4.92) folgt $\left|\sigma_i^h(t)\right| > 0$ für $t \in I_i^+$. Mit den Lösungsdarstellungen (2.23) und (4.18), der Stetigkeit von σ_i^h und Abschätzung (4.85) erhalten wir

$$u_i^{h,*}(t) = u_i^*(t) \qquad \text{für alle } t \in I_i^+. \tag{4.104}$$

Es sei $|\Sigma_i|$ die Anzahl der Elemente in Σ_i. Wir können nun das Lebesgue-Maß von $\bigcup_{i=1}^m I_i^-$ durch κh^β abschätzen mit der Konstante

$$\kappa = \hat{\kappa} \sum_{i=1}^m |\Sigma_i|, \tag{4.105}$$

woraus die zu beweisende Aussage folgt. $\qquad\qquad\qquad\qquad\qquad\qquad\square$

Aus Satz 4.8 erhalten wir schließlich mit Korollar 4.7 die folgende Aussage:

Satz 4.9 ([2], Theorem 4.6) *Es sei* (x^*, u^*) *eine Lösung der Aufgabe* (LQ). *Wenn für* (x^*, u^*) *die Voraussetzungen* $(V3.1)$ *und* $(V3.2)$ *erfüllt sind, dann existiert eine von N unabhängige Konstante* κ, *sodass für hinreichend großes N jede für die Aufgabe* (LQ_N) *optimale Steuerung* $u^{h,*}$ *mit* u^* *übereinstimmt, außer auf einer Menge vom Lebesgue-Maß* $\leq \kappa\sqrt{h}$.

4.3 Verbesserte Fehlerabschätzungen

Wir werden nun einige weitere Fehlerabschätzungen vorstellen, ohne diese zu beweisen. Für die Herleitungen und Beweise verweisen wir auf die jeweils angegebene Literatur.

Es sei $v > 0$. Nach [6], Gleichung (5.1), gilt für jede Lösung $(x^{h,v}, u^{h,v})$ der Aufgabe $(LQ_{v,N})$ und die Lösung (x^v, u^v) der Aufgabe (LQ_v) mit den Adjungierten p^h und p^v

$$\max \left\{ \left\| u^{h,v} - u^v \right\|_\infty, \left\| x^{h,v} - x^v \right\|_\infty, \left\| p^h - p^v \right\|_\infty \right\} \le c^1 \frac{h}{v}, \tag{4.106}$$

mit einer von N und v unabhängigen Konstanten c^1, siehe auch [7] und [17].

Wenn (x^*, u^*) eine Lösung der Aufgabe (LQ) ist, welche die Voraussetzungen (V3.1) und (V3.2) erfüllt, dann gilt mit Satz 3.6 (i) und Abschätzung (4.106)

$$\left\| u^{h,v} - u^* \right\|_1 \le \left\| u^{h,v} - u^v \right\|_1 + \left\| u^v - u^* \right\|_1$$

$$\le T \left\| u^{h,v} - u^v \right\|_\infty + \left\| u^v - u^* \right\|_1 \tag{4.107}$$

$$\le c^1 T \frac{h}{v} + c^u v.$$

Mit dem Regularisierungsparameter $v = \sqrt{h}$ erhalten wir

$$\left\| u^{h,v} - u^* \right\|_1 \le c^2 \sqrt{h} \tag{4.108}$$

mit einer von N unabhängigen Konstanten c^2.

Wenn für eine Lösung der Aufgabe (LQ) nicht die Voraussetzungen (V3.1) und (V3.2) erfüllt sind, aber die Aufgabe (LQ) die Voraussetzung (V3.3) erfüllt, so erhalten wir aus den Abschätzungen (3.51) und (4.106)

$$\left\| x^{h,v} - x^* \right\|_2 \le \left\| x^{h,v} - x^v \right\|_2 + \left\| x^v - x^* \right\|_2$$

$$\le \sqrt{T} \left\| x^{h,v} - x^v \right\|_\infty + \left\| x^v - x^* \right\|_2 \tag{4.109}$$

$$\le c^1 \sqrt{T} \frac{h}{v} + c^x \sqrt{v}.$$

Mit dem Regularisierungsparameter $v = h^{\frac{2}{3}}$ erhalten wir

$$\left\| x^{h,v} - x^* \right\|_2 \le c^3 h^{\frac{1}{3}} \tag{4.110}$$

mit einer von N unabhängigen Konstanten c^3.

Um die Resultate aus Abschnitt 4.2 zu verbessern und weitere Aussagen zur Struktur einer Lösung der Aufgabe (LQ_N) zu erhalten, benötigen wir neben Voraussetzung (V3.1) eine weitere Voraussetzung an eine Lösung (x^*, u^*) der Aufgabe (LQ) mit der Umschaltfunktion σ:

(V4.1) Es gelten $r \in C^1((0,T);\mathbb{R}^m)$, $B \in C^1((0,T);\mathbb{R}^{m \times n})$, $\dot{r}$, $\dot{B}$ sind Lipschitz-stetig und es existiert eine Konstante $\hat{\sigma} > 0$, sodass gilt

$$\min_{1 \leq j \leq l} \min_{i \in \mathscr{I}(s_j)} \left\{ \left| \dot{\sigma}_i(s_j) \right| \right\} \geq 2\hat{\sigma}. \tag{4.111}$$

Die Funktion $\dot{p}$ entspricht für fast alle $t \in [0,T]$ der rechten Seite der Adjungierten-Gleichung (A). Wegen der Lipschitz-Stetigkeit von p und x^* ist $\dot{p}$ Lipschitz-stetig. Mit Voraussetzung (V4.1) ist somit auch $\dot{\sigma}$ Lipschitz-stetig, wir können dann eine Konstante $\hat{\tau} > 0$ wählen, sodass für alle $s \in \Sigma$ und alle $i \in \mathscr{I}(s)$

$$\left| \dot{\sigma}(t) \right| \geq \hat{\sigma} \qquad \text{für alle } t \in [s - \hat{\tau}, s + \hat{\tau}] \tag{4.112}$$

erfüllt ist, somit ist Abschätzung (3.14) erfüllt. Aus Voraussetzung (V4.1) folgt auch Gleichung (3.15), und somit insgesamt Voraussetzung (V3.2).

Die diskrete Umschaltfunktion σ^h ist für fast alle $t \in [0,T]$ stetig differenzierbar. Wir erweitern die Ableitung $\dot{\sigma}^h$ auf $[0,T)$ mit

$$\dot{\sigma}^h(t_j) = \frac{\sigma^h_{j+1} - \sigma^h_j}{h}, \qquad j = 0, \ldots, N-1. \tag{4.113}$$

Wir geben nun zum Abschluss dieses Kapitels die Aussagen aus Abschitt 5 in [2] an.

Satz 4.10 ([2], Theorem 5.1) *Es seien (x^*, u^*) eine Lösung der Aufgabe (LQ) mit der Umschaltfunktion σ und $(x^{h,*}, u^{h,*})$ eine Lösung der Aufgabe (LQ_N) mit der Umschaltfunktion σ^h. Wenn für (x^*, u^*) die Voraussetzungen (V3.1) und (V4.1) erfüllt sind, dann existiert eine von N unabhängige Konstante $c^{\dot{\sigma}}$, sodass*

$$\max_{1 \leq i \leq m} \left| \dot{\sigma}^h_i(t) - \dot{\sigma}_i(t) \right| \leq c^{\dot{\sigma}} \sqrt{h} \qquad \text{für alle } t \in [0, t_{N-1}] \tag{4.114}$$

für hinreichend große N erfüllt ist.

Satz 4.11 ([2], Theorem 5.2) *Es seien (x^*, u^*) eine Lösung der Aufgabe (LQ) mit der Umschaltfunktion σ und $(x^{h,*}, u^{h,*})$ eine Lösung der Aufgabe (LQ_N) mit der Umschaltfunktion σ^h. Wenn für (x^*, u^*) die Voraussetzungen (V3.1) und (V4.1) erfüllt sind und N hinreichend groß ist, dann haben die Komponenten von σ^h insgesamt l disjunkte Nullstellen $s^h_1 < \cdots < s^h_l$ und es existiert eine von N unabhängige Konstante c^s, sodass*

$$\left| s_j - s_j^h \right| \leq c^s \sqrt{h} \qquad \text{für } j = 1, \dots, l \qquad (4.115)$$

erfüllt ist.

Satz 4.12 ([2], Theorem 5.3, Korollar 5.4) *Es sei* (x^*, u^*) *eine Lösung der Aufgabe* (LQ) *mit der Adjungierten p und der Umschaltfunktion* σ. *Wenn für* (x^*, u^*) *die Voraussetzungen (V3.1) und (V4.1) erfüllt sind und N hinreichend groß ist, dann existieren von N unabhängige Konstanten* c^u, c^x, c^p *und* c^σ, *sodass für jede Lösung* $(x^{h,*}, u^{h,*})$ *der Aufgabe* (LQ_N) *mit der Adjungierten* p^h *und der Umschaltfunktion* σ^h *gilt:*

(i) $\left\| u^{h,*} - u^* \right\|_1 \leq c^u h,$

(ii) $\left\| x^{h,*} - x^* \right\|_\infty \leq c^x h,$

(iii) $\left\| p^h - p \right\|_\infty \leq c^p h,$

(iv) $\max_{t \in [0,T]} \left| \sigma^h(t) - \sigma(t) \right| \leq c^\sigma h.$

Satz 4.13 ([2], Theorem 5.5) *Es sei* (x^*, u^*) *eine Lösung der Aufgabe* (LQ). *Wenn für* (x^*, u^*) *die Voraussetzungen (V3.1) und (V4.1) erfüllt sind und N hinreichend groß ist, dann gilt:*

(i) Es existiert eine von N unabhängige Konstante κ, *sodass jede für Problem* (LQ_N) *optimale Steuerung* $u^{h,*}$ *mit* u^* *überall übereinstimmt, außer auf einer Menge vom Lebesgue-Maß* $\leq \kappa h$.

(ii) Es existiert eine von N unabhängige Konstante c^s, *sodass*

$$\left| s_j - s_j^h \right| \leq c^s h \qquad \text{für } j = 1, \dots, l \qquad (4.116)$$

für die Nullstellen der Komponenten von σ *und* σ^h *gilt.*

Kapitel 5
Zeitoptimale Aufgaben

Die Aufgabe (LQ) hat einen festen Zeithorizont T. Bei vielen Aufgaben der optimalen Steuerung ist jedoch der Endzeitpunkt nicht bekannt oder stellt sogar eine der Variablen dar, über die der Wert des Zielfunktionals optimiert werden soll.

In diesem Kapitel wollen wir zunächst die Aufgabe (LT) vorstellen, welche bezüglich des Zielfunktionals und der Randbedingung allgemeiner und bezüglich der betrachteten Räume weniger allgemein ist als die Aufgabe (LQ). Für die Aufgabe (LT) werden wir dann notwendige Optimalitätsbedingungen bereitstellen. Wir werden eine zeitoptimale Aufgabe angeben und uns mit einer Modifikation der zeitoptimalen Aufgabe beschäftigen, welche dadurch als Aufgabe vom Typ (LQ) dargestellt werden kann. Außerdem werden wir untersuchen, unter welchen Bedingungen eine Lösung der modifizierten Aufgabe in eine Lösung der zeitoptimalen Aufgabe übergeht.

5.1 Aufgabenstellung mit beliebigem Zeithorizont

Wir beschäftigen uns mit einer Aufgabe der optimalen Steuerung mit nicht notwendigerweise festen Anfangs- und Endzeitpunkten t^0, t^1 mit $t^0 < t^1$:

(LT) Minimiere $G(t^0, x(t^0), t^1, x(t^1))$,   (5.1)

bezüglich $(x,u) \in PC^1(t^0, t^1; \mathbb{R}^n) \times PC(t^0, t^1; \mathbb{R}^m)$,   (5.2)

$\dot{x}(t) = f(t, x(t), u(t))$ für fast alle $t \in [t^0, t^1]$,   (5.3)

$h(t^0, x(t^0), t^1, x(t^1)) = 0$,   (5.4)

$u(t) \in \hat{U}$ für alle $t \in [t^0, t^1]$,   (5.5)

dabei sind

$$G \in C^1(\mathbb{R}^{2n+2}; \mathbb{R}),$$ (5.6)

$$f(t, x(t), u(t)) = A(t)x(t) + B(t)u(t) + b(t),$$ (5.7)

$$h \in C^1(\mathbb{R}^{2n+2}; \mathbb{R}^l),$$ (5.8)

$$\hat{U} = \left\{ v \in \mathbb{R}^m \,\middle|\, |v_i| \leq 1,\ i = 1, \ldots, m \right\}.$$ (5.9)

Der Steuerbereich in Gleichung (5.9) stellt keine tatsächliche Einschränkung im Vergleich zum Steuerbereich

$$U = \left\{ v \in \mathbb{R}^m \,\middle|\, b^l \leq v \leq b^u \right\}.$$ (5.10)

der Aufgabe (LQ) dar. Dieser kann durch eine lineare Transformation der Dynamik in Gleichung (5.7) gemäß

$$\hat{b}(t) = b(t) + B(t) \left[\frac{b^l + b^u}{2} \right],$$ (5.11)

$$\hat{B}_{j,i}(t) = B_{j,i}(t) \frac{b^u_i - b^l_i}{2}, \qquad j = 1, \ldots, n,\ i = 1, \ldots, m$$ (5.12)

angepasst werden.

Analog zur Aufgabe (LQ) ist für die Aufgabe (LT) die Menge der zulässigen Steuerungen

$$\hat{\mathscr{U}} =: \left\{ v \in PC(t^0, t^1; \mathbb{R}^n) \,\middle|\, v(t) \in \hat{U} \text{ für alle } t \in [t^0, t^1] \right\},$$ (5.13)

und die Menge der zulässigen Steuerungsprozesse ist

$$\mathscr{G} =: \left\{ (x,u) \in PC^1(t^0,t^1;\mathbb{R}^n) \times PC(t^0,t^1;\mathbb{R}^n) \mid u \in \mathscr{U}, \right.$$

$$h(t^0,x(t^0),t^1,x(t^1)) = 0, \ \dot{x}(t) = f(t,x(t),u(t))$$

$$\left. \text{für fast alle } t \in [t^0,t^1] \right\}. \quad (5.14)$$

Wir nehmen an, dass die Aufgabe (LT) mindestens eine Lösung $(x^*,u^*) \in \mathscr{G}$ hat.

Für die Aufgabe (LT) verwenden wir einen Spezialfall des Pontrjagin'schen Maximumprinzips in der Formulierung aus [11], Theorem 1. Bei der in [11] behandelten Aufgabe ist die Systemgleichung allgemeiner und es sind auch Ungleichungsbedingungen an die Randwerte enthalten.

Satz 5.1 *Es sei* $(x^*,u^*) \in \mathscr{G}$ *eine Lösung der Aufgabe* (LT) *mit den Anfangs- und Endzeitpunkten* $t^{0,*},t^{1,*}$, *dann gelten mit Parametern* $0 \leq p_0 \in \mathbb{R}$, $\lambda \in \mathbb{R}^l$ *und einer Adjungierten* $p \in PC^1(t^{0,*},t^{1,*};\mathbb{R}^n)$ *folgende Bedingungen:*

$(\hat{N})$ $\quad p_0 + |\lambda| > 0,$ $\hfill (5.15)$

$(\hat{A})$ $\quad \dot{p}(t) = -A(t)^\top p(t) \quad$ *für fast alle* $t \in [t^{0,*},t^{1,*}],$ $\hfill (5.16)$

$(\hat{T})$ $\quad p(t^{0,*})$

$$= + \left[\frac{\partial G}{\partial x(t^0)}(t^{0,*},x^*(t^{0,*}),t^{1,*},x^*(t^{1,*})) \right]^\top p_0$$

$$+ \left[\frac{\partial h}{\partial x(t^0)}(t^{0,*},x^*(t^{0,*}),t^{1,*},x^*(t^{1,*})) \right]^\top \lambda, \quad (5.17)$$

$$p(t^{1,*})$$

$$= - \left[\frac{\partial G}{\partial x(t^1)}(t^{0,*},x^*(t^{0,*}),t^{1,*},x^*(t^{1,*})) \right]^\top p_0$$

$$- \left[\frac{\partial h}{\partial x(t^1)}(t^{0,*},x^*(t^{0,*}),t^{1,*},x^*(t^{1,*})) \right]^\top \lambda, \quad (5.18)$$

$$p(t^{0,*})^\top g(t^{0,*},x^*(t^{0,*}),u^*(t^{0,*}))$$

$$= - \left[\frac{\partial G}{\partial t^0}(t^{0,*},x^*(t^{0,*}),t^{1,*},x^*(t^{1,*})) \right] p_0$$

$$- \left[\frac{\partial h}{\partial t^0}(t^{0,*},x^*(t^{0,*}),t^{1,*},x^*(t^{1,*})) \right]^\top \lambda, \quad (5.19)$$

$$p(t^{1,*})^{\top} g(t^{1,*}, x^*(t^{1,*}), u^*(t^{1,*}))$$

$$= + \left[\frac{\partial G}{\partial t^1}(t^{0,*}, x^*(t^{0,*}), t^{1,*}, x^*(t^{1,*})) \right] p_0$$

$$+ \left[\frac{\partial h}{\partial t^1}(t^{0,*}, x^*(t^{0,*}), t^{1,*}, x^*(t^{1,*})) \right]^{\top} \lambda, \tag{5.20}$$

$$(\hat{M}) \qquad \left[B(t)^{\top} p(t) \right]^{\top} (v - u^*(t)) \leq 0 \qquad \text{für alle } t \in [t^{0,*}, t^{1,*}], \ v \in \hat{U}. \tag{5.21}$$

Eine zulässige Lösung von (LT) erfüllt also die Maximumbedingung $(\hat{M})$ mit einer Adjungierten p, welche eine Lösung der adjungierten Gleichung $(\hat{A})$ mit den Transversalitätsbedingungen $(\hat{T})$ und der Nichttrivialitätsbedingung $(\hat{N})$ ist.

Analog zur Aufgabe (LQ) definieren wir für die Aufgabe (LT) die Umschaltfunktion durch

$$\sigma(t) =: B(t)^{\top} p(t). \tag{5.22}$$

Da eine optimale Steuerung u^* die Maximumbedingung $(\hat{M})$ erfüllt, gilt für alle $t \in [t^{0,*}, t^{1,*}]$

$$u_i^*(t) =: \begin{cases} 1, & \text{falls } \sigma_i(t) > 0, \\ -1, & \text{falls } \sigma_i(t) < 0, \qquad i = 1, \ldots, m. \\ \text{singulär}, & \text{falls } \sigma_i(t) = 0, \end{cases} \tag{5.23}$$

Falls die Zielfunktion G oder die linke Seite h der Randbedingung nicht direkt von einer der Variablen t^0, $x(t^0)$, t^1 oder $x(t^1)$ abhängt, so ist die auf die jeweilige Variable eingeschränkte Jacobi-Matrix gleich der Nullmatrix, und der entsprechende Term in den Transversalitätsbedingungen $(\hat{T})$ ist Null beziehungsweise der Nullvektor. In den folgenden Aufgaben schreiben wir die Funktionen G und h nur in Abhängigkeit von denjenigen Variablen, welche auch explizit in der jeweiligen Funktion auftauchen, obwohl der Definitionsbereich formal der Raum $\mathbb{R}^{2n+2}$ ist.

5.2 Zeitoptimale Aufgabe mit festen Randbedingungen

Wir widmen uns nun einer der Standardaufgaben der optimalen Steuerung. In der Aufgabe (LT) sind das Zielfunktional G und die Funktion h noch nicht festgelegt. Wir setzen

$$G(t^0, x(t^0), t^1, x(t^1)) = G^Z(t^1) =: t^1 \tag{5.24}$$

und

$$h(t^0,x(t^0),t^1,x(t^1)) = h^Z(t^0,x(t^0),x(t^1)) =: \begin{pmatrix} t^0 \\ x(t^0)-a \\ x(t^1) \end{pmatrix} \qquad (5.25)$$

mit dem Anfangswert $a \in \mathbb{R}^n \setminus \{0\}$. Der Anfangszeitpunkt wird somit auf $t^0 = 0$ gesetzt, und wir erhalten die zeitoptimale Aufgabe (LT_Z), bei welcher in minimaler Zeit $t^1 > 0$ die Zustandstrajektorie x von dem Anfangswert a in den Nullvektor überführt werden soll.

Zur besseren Übersicht halten wir fest:

(LT_Z) Minimiere t^1,   (5.26)

bezüglich $(x,u) \in PC^1(0,t^1;\mathbb{R}^n) \times PC(0,t^1;\mathbb{R}^m),$ (5.27)

$\dot{x}(t) = f(t,x(t),u(t))$ für fast alle $t \in [0,t^1]$,   (5.28)

$x(0) = a,$ (5.29)

$x(t^1) = 0,$ (5.30)

$u(t) \in \hat{U}$ für alle $t \in [0,t^1]$.   (5.31)

Es seien $\mathscr{U}^Z$ die Menge der zulässigen Steuerungen und $\mathscr{G}^Z$ die zulässige Menge für die Aufgabe (LT_Z).

Aus Satz 5.1 erhalten wir für eine Lösung $(x^*,u^*) \in \mathscr{G}^Z$ mit dem Endzeitpunkt T^*, der Adjungierten p^Z und den Parametern p_0^Z und λ^Z aus den Transversalitätsbedingungen $(\hat{T})$

$$\begin{pmatrix} p^Z(0)^\top g(0,a,u^*(0)) \\ -p^Z(0) \\ p^Z(T^*) \end{pmatrix} = -\lambda^Z, \qquad (5.32)$$

$$p^Z(T^*)^\top f(T^*,x^*(T^*),u^*(T^*)) = p_0^Z. \qquad (5.33)$$

Mit (5.32) gilt nach der Nichttrivialitätsbedingung $(\hat{N})$

$$p_0^Z + \left| p^Z(0)^\top g(0,a,u^*(0)) \right| + \left| p^Z(0) \right| + \left| p^Z(T^*) \right| > 0. \qquad (5.34)$$

Die Nichttrivialitätsbedingung für die Aufgabe (LT_Z) können wir auch in der Form

$$(\hat{N}_Z) \qquad p_0^Z + \left| p^Z(0) \right| + \left| p^Z(T^*) \right| > 0 \qquad (5.35)$$

schreiben, denn falls $\left|p^Z(0)^\top g(0,a,u^*(0))\right| > 0$ gilt, dann muss auch $p^Z(0) \neq 0$ und somit $\left|p^Z(0)\right| > 0$ gelten.

Für eine Lösung (x^*, u^*) der Aufgabe (LT_Z) gilt nach Gleichung (5.33) und der Randbedingung $x^*(T^*) = 0$ die Transversalitätsbedingung

$$(\hat{T}_Z) \qquad p^Z(T^*)^\top [B(T^*)u^*(T^*) + b(T^*)] = p_0^Z. \qquad (5.36)$$

Wir können folgern, dass

$$p^Z(T^*) \neq 0 \qquad (5.37)$$

gilt. Denn falls $p^Z(T^*) = 0$ wäre, dann wäre wegen der Adjungierten-Gleichung $\dot{p}^Z(t) = -A(t)^\top p^Z(t)$ auch $p^Z(0) = 0$, und mit der Nichttrivialitätsbedingung $(\hat{N}_Z)$ würde $p_0^Z > 0$ gelten, Dies stünde aber im Widerspruch zur Transversalitätsbedingung $(\hat{T}_Z)$.

5.3 Modifikation der zeitoptimalen Aufgabe

Wir werden nun ein Hilfsproblem zur Aufgabe (LT_Z) aufstellen, welches (bis auf die betrachteten Räume) als Aufgabe vom Typ (LQ) dargestellt werden kann. Zu diesem Zweck verwenden wir das Zielfunktional

$$G(t^0, x(t^0), t^1, x(t^1)) = G^M(x(t^1)) =: \frac{1}{2}x(t^1)^\top x(t^1). \qquad (5.38)$$

Der Zeithorizont t^1 kann nun nicht mehr beliebig sein, sondern wird auf ein T mit $0 < T < T^*$ festgelegt, wobei T^* der minimale Endzeitpunkt aus Aufgabe (LT_Z) ist.[1] Als Randbedingung verwenden wir

$$h(t^0, x(t^0), t^1, x(t^1)) = h^M(t^0, x(t^0), t^1) =: \begin{pmatrix} t^0 \\ x(t^0) - a \\ t^1 - T \end{pmatrix} \qquad (5.39)$$

mit dem Anfangswert a aus Aufgabe (LT_Z).

Wir erhalten die Aufgabe mit festem Zeithorizont

---

[1] Bei praktischen Berechnungen muss natürlich überprüft werden, wie T gewählt werden kann, wenn T^* nicht bekannt ist. Mit dieser Problematik werden wir uns in Abschnitt 6.8 genauer auseinandersetzen.

(LT_M) Minimiere $\frac{1}{2}x(T)^\top x(T),$ (5.40)

bezüglich $(x,u) \in PC^1(0,T;\mathbb{R}^n) \times PC(0,T;\mathbb{R}^m),$ (5.41)

$\dot{x}(t) = f(t,x(t),u(t))$ für fast alle $t \in [0,T]$,   (5.42)

$x(0) = a,$ (5.43)

$u(t) \in \hat{U}$ für alle $t \in [0,T]$.   (5.44)

Es seien $\hat{\mathscr{U}}^M$ die Menge der zulässigen Steuerungen und $\mathscr{G}^M$ die zulässige Menge für die Aufgabe (LT_M).

Da T^* die minimale Zeit ist, bei welcher $x^*(T^*) = 0$ für ein zulässiges Paar $(x^*,u^*) \in \mathscr{G}^Z$ gilt und wegen $T < T^*$, ist

$$x(T) \neq 0 \qquad (5.45)$$

für alle Paare $(x,u) \in \mathscr{G}^M$. Das Zielfunktional G^M minimiert den euklidischen Abstand des Endzustands vom Nullvektor und es gilt

$$G^M(x(T)) > 0 \qquad \text{für alle } (x,u) \in \mathscr{G}^M. \qquad (5.46)$$

Bei der modifizierten Aufgabe (LT_M) wird also die zulässige Zustandstrajektorie gesucht, welche die Endbedingung der zeitoptimalen Aufgabe (LT_Z) am wenigsten verletzt.

Für eine Lösung (x^M, u^M) mit der Adjungierten p^M und den Parametern p_0^M und λ^M erhalten wir aus Satz 5.1 die Transversalitätsbedingungen

$$\begin{pmatrix} p^M(0)^\top f(0,a,u^M(0)) \\ -p^M(0) \\ -p^M(T)^\top f(T,x^M(T),u^M(T)) \end{pmatrix} = -\lambda^M, \qquad (5.47)$$

$$p^M(T) = -p_0^M x^M(T). \qquad (5.48)$$

Angenommen, es sei $p_0^M = 0$. Dann gilt $p^M(T) = 0$ wegen Gleichung (5.48). Mit der Adjungierten-Gleichung $\dot{p}^M(t) = -A(t)^\top p^M(t)$ gilt dann $p^M(0) = 0$, und mit Gleichung (5.47) folgt $-\lambda^M = 0$ im Widerspruch zur Nichttrivialitätsbedingung $p_0^M + |\lambda^M| > 0$.

Die Nichttrivialitätsbedingung ist also bereits durch $p_0^M > 0$ erfüllt, und wegen $\lambda^M \in \mathbb{R}^{n+2}$ enthält Gleichung (5.47) keine direkte Einschränkung der Randpunkte der Adjungierten. Wir können die Nichttrivialitätsbedingung und die Transversalitätsbedingungen an eine Lösung der modifizierten Aufgabe (LT_M) zusammenfassen als

$$(\hat{N}_M) \qquad p_0^M > 0, \qquad (5.49)$$

$$(\hat{T}_M) \qquad p^M(T) = -p_0^M x^M(T). \qquad (5.50)$$

In den folgenden zwei Lemmata werden wir untersuchen, ob eine Folge von Lösungen (x^M, u^M) der Aufgaben (LT_M) für den Grenzübergang

$$T \to T^* - 0 \qquad (5.51)$$

gegen eine Lösung (x^*, u^*) der Aufgabe (LT_Z) konvergiert.

Mit einer Folge (x^M, u^M) für $T \to T^* - 0$ meinen wir eine geordnete Teilmenge der Lösungen der Schar von Aufgaben (LT_M) (mit dem Scharparameter T), wobei der zugehörige Zeithorizont T mit steigendem Index streng monoton wachsend gegen T^* konvergiert. Eine solche Folge wird beispielsweise mit einem $\varepsilon \in (0, T^*)$ durch

$$T_k =: T^* - \frac{\varepsilon}{k}, \qquad k = 1, 2, \dots \qquad (5.52)$$

realisiert.

Lemma 5.2. *Für eine Folge von Lösungen (x^M, u^M) der Aufgaben (LT_M) mit $T \to T^* - 0$ ist jeder Häufungspunkt eine Lösung der zeitoptimalen Aufgabe (LT_Z).*

Beweis. Wegen der Endbedingung $x(t^1) = 0$ in Aufgabe (LT_Z) und wegen der Stetigkeit aller zulässigen Zustandstrajektorien x auf $[0, t^1]$ gilt

$$\lim_{t \to T^* - 0} x^*(t) = 0. \qquad (5.53)$$

Die Lösung (x^*, u^*) eingeschränkt auf $[0, T]$ ist zulässig für die Aufgabe (LT_M) und wegen der Optimalität von (x^M, u^M) gilt für $T < T^*$

$$G^M(x^M(T)) \leq G^M(x^*(T)). \qquad (5.54)$$

Mit Ungleichung (5.46), Gleichung (5.53), der Stetigkeit von G^M, der Stetigkeit von x^M auf $[0, T^*)$ und der Stetigkeit von x^* auf $[0, T^*]$ folgt nun

$$0 \leq \lim_{T \to T^* - 0} G^M(x^M(T)) \leq \lim_{T \to T^* - 0} G^M(x^*(T)) = \lim_{T \to T^* - 0} \frac{1}{2} |x^*(T)|^2 = 0, \quad (5.55)$$

und somit gilt

$$\lim_{T \to T^*-0} x^M(T) = 0. \tag{5.56}$$

Mit $x(0) = a$ für alle $(x,u) \in \mathscr{G}^M$ ist die linke Randbedingung der Aufgabe (LT_Z) erfüllt, es gilt

$$\lim_{T \to T^*-0} h^Z(0, x^M(0), x^M(T)) = 0. \tag{5.57}$$

Für die Folge von Lösungen (x^M, u^M) ist mit $T \to T^* - 0$ also jeder Häufungspunkt zulässig für die Aufgabe (LT_Z) und wegen $T \to T^*$ auch optimal. □

Wenn die Aufgabe (LT_Z) mehr als eine Lösung hat, dann kann auch die Folge der Lösungen (x^M, u^M) für $T \to T^* - 0$ mehrere Häufungspunkte haben. Für die Konvergenz gegen eine Lösung der Aufgabe (LT_Z) muss die Folge der Lösungen der Aufgaben (LT_M) weitere Voraussetzungen erfüllen.

Wenn wir die Aufgabe (LT_M) mit der zulässigen Menge

$$\mathscr{F}^M =: \big\{ (x,u) \in W_1^\infty(0,T;\mathbb{R}^n) \times L^\infty(0,T;\mathbb{R}^n) \big| x(0) = a,$$

$$u(t) \in \hat{U}, \ \dot{x}(t) = f(t,x(t),u(t)) \text{ für fast alle } t \in [0,T] \big\}. \tag{5.58}$$

betrachten, dann erhalten wir eine Aufgabe vom Typ (LQ), welche wir entsprechend mit (LQ_M) bezeichnen. Für die Aufgabe (LQ_M) existiert eine Lösung $(x',u') \in \mathscr{F}^M$, siehe Kapitel 2, Abschnitt 2.2.

Lemma 5.3. *Wenn für jede Aufgabe einer Folge von Aufgaben (LQ_M) mit $T \to T^* - 0$ eine Lösung die Voraussetzungen (V3.1) und (V3.2) mit den selben Konstanten l, $\hat{\sigma}$ und $\hat{t}$ erfüllt und die Abschätzung (3.22) mit den selben Konstanten $\sigma_i^{\min}$ für $i = 1, \ldots, m$ erfüllt ist, dann sind die zugehörigen Aufgaben (LT_M) eindeutig lösbar und deren Lösungen (x^M, u^M) konvergieren für $T \to T^* - 0$ gegen eine mögliche Lösung[2] $(x^*, u^*) \in W_1^1(0,T^*;\mathbb{R}^n) \times L^1(0,T^*;\mathbb{R}^m)$ der Aufgabe (LT_Z).*

Beweis. Nach den Voraussetzungen (V3.1) und (V3.2) haben die Komponenten der Umschaltfunktionen σ' der Lösungen (x',u') von (LQ_M) nur endlich viele Nullstellen, von denen keine in 0 oder T liegt, und in jeder Nullstelle wechselt die jeweilige Komponente das Vorzeichen.

Wegen Voraussetzung (V3.1) und der Darstellung der Lösung in (2.23) finden wir für die optimale Steuerung u' einen stückweise stetigen Repräsentanten

---

[2] Mit einer möglichen Lösung meinen wir ein Paar (x^*, u^*), dessen stückweise stetig differenzierbare beziehungsweise stückweise stetige Repräsentanten eine Lösung der Aufgabe (LT_Z) bilden, falls diese existieren.

$$u'' \in PC(0,T;\mathbb{R}^m). \tag{5.59}$$

Weiterhin sei

$$x'' \in PC^1(0,T;\mathbb{R}^n) \tag{5.60}$$

die eindeutige Lösung der Systemgleichung (5.42) mit der Randbedingung (5.43) und der Steuerung u''. Wegen $\mathscr{G}^M \subset \mathscr{F}^M$ ist $(x'',u'') \in \mathscr{G}^M$ eine Lösung der Aufgabe (LT_M), und insbesondere die einzige Lösung. Denn wäre ein zulässiges Paar $(x''',u''') \in \mathscr{G}^M$ mit

$$\left\| u'' - u''' \right\|_\infty + \left\| x'' - x''' \right\|_{\infty,1} > 0 \tag{5.61}$$

eine Lösung von Aufgabe (LT_M), so wäre es wegen $G^M(x'''(T)) = G^M(x''(T)) = G^M(x'(T))$ auch eine von (x',u') verschiedene Lösung von (LQ_M), im Widerspruch zur eindeutigen Lösbarkeit von (LQ_M) nach Korollar 3.5.

Es seien σ^M die Umschaltfunktion zur Lösung der Aufgabe (LT_M) und σ' die Umschaltfunktion zur Lösung der entsprechenden Aufgabe (LQ_M). Wegen den Bedingungen (A), $(\hat{A})$, (T) und $(\hat{T}_M)$ und den Gleichungen (2.22) und (5.22) gilt

$$\sigma^M(t) = p_0^M \sigma'(t) \qquad \text{für fast alle } t \in [0,T]. \tag{5.62}$$

Mit der Stetigkeit von σ^M gelten die Voraussetzungen (V3.1) und (V3.2) auch für die Lösung der Aufgabe (LT_M) und wir können nun die Aussagen aus Kapitel 4, Abschnitt 4.2 auf die Aufgabe (LT_M) anwenden.

Nach den Abschätzungen (3.33) und (3.34) gilt für jedes $T < T^*$ aus der Folge von Aufgabe (LT_M) mit von T unabhängigen Konstanten $\hat{\alpha},\gamma,\delta > 0$

$$G^M(x^*(T)) - G^M(x^M(T)) \geq \hat{\alpha} \left(\left\| u^* - u^M \right\|_1^2 + \left\| x^* - x^M \right\|_{1,1}^2 \right) \tag{5.63}$$

falls $\left\| u^* - u^M \right\|_1 \leq 2\gamma\delta$ und

$$G^M(x^*(T)) - G^M(x^M(T)) \geq \hat{\alpha} \left(\left\| u^* - u^M \right\|_1 + \left\| x^* - x^M \right\|_{1,1} \right) \tag{5.64}$$

falls $\left\| u^* - u^M \right\|_1 > 2\gamma\delta$.

Nach Gleichung (5.55) gilt

$$\lim_{T \to T^*-0} G^M(T,x^*(T)) - G^M(T,x^M(T)) = 0, \tag{5.65}$$

mit den Gleichungen (5.63) und (5.64) konvergieren also die eindeutigen Lösungen (x^M, u^M) der Aufgaben (LT_M) für $T \to T^* - 0$ gegen eine mögliche Lösung $(x^*, u^*) \in W_1^1(0, T^*; \mathbb{R}^n) \times L^1(0, T^*; \mathbb{R}^m)$ der Aufgabe (LT_Z). $\qquad \Box$

Kapitel 6
Numerische Untersuchungen

In diesem Kapitel werden wir zunächst zeigen wie die Aufgabe $(LQ_{v,N})$ in die Aufgabe $(P_{v,N})$ umgeformt werden kann. Dabei ist die Aufgabe $(P_{v,N})$ eine endlichdimensionale quadratische Optimierungsaufgabe auf dem Raum $\mathbb{R}^{Nm}$, bei welcher die Nebenbedingungen nur aus boxed constraints bestehen. Dazu werden wir die diskreten Zustände x^h in Abhängigkeit von der diskreten Steuerung u^h darstellen.

Im nächsten Abschnitt werden wir die Euler-Diskretisierung der zeitoptimalen Aufgabe (LT_Z) angeben, welche wir vorher in eine Aufgabe auf dem Zeitintervall $[0,1]$ umwandeln. Weiterhin werden wir zeigen, zu welchen Schwierigkeiten es bei dem Versuch kommt, für die diskretisierte zeitoptimale Aufgabe die diskreten Zustände in Abhängigkeit von der Steuerung darzustellen.

Wir werden kurz auf einen numerischen Optimalitätstest mithilfe der Lyapunov-Matrix-Differentialgleichung eingehen.

Abschließend werden wir einige Aufgaben aus der optimalen Steuerung untersuchen. Zum numerischen Lösen der Aufgaben wurde die Funktion quadprog in der MATLAB-Version R2014b verwendet.

6.1 Umformung der diskretisierten Aufgabe

Wir definieren zunächst den Nm-dimensionalen Spaltenvektor

$$\mathbf{u} := \left(u_0^h, \ldots, u_{N-1}^h \right)^\top. \tag{6.1}$$

Die Steuerungsbeschränkungen fassen wir zusammen durch $\mathbf{u} \in \mathscr{U}^{Nm}$ mit

$$\mathscr{U}^{Nm} := \left\{ \mathbf{u} \in \mathbb{R}^{Nm} \,\middle|\, b^l \le u_j^h \le b^u, \; j = 0, \ldots, N-1 \right\}. \tag{6.2}$$

Es sei $j \in \{0, \ldots, N-1\}$. Mit

$$\mathbb{A}_j := E^n + hA(t_j), \qquad \mathbb{B}_j := hB(t_j), \qquad \beta_j := hb(t_j) \tag{6.3}$$

folgt aus der Differenzengleichung (4.5) und der Anfangsbedingung (4.6) durch rekursives Einsetzen von x_j^h

$$
\begin{aligned}
x_{j+1}^h &= \mathbb{A}_j x_j^h + \mathbb{B}_j u_j^h + \beta_j \\
&= \mathbb{A}_j \left(\mathbb{A}_{j-1} \left(\ldots \left(\mathbb{A}_0 a + \mathbb{B}_0 u_0^h + \beta_0 \right) + \ldots \right) + \mathbb{B}_{j-1} u_{j-1}^h + \beta_{j-1} \right) \\
&\quad + \mathbb{B}_j u_j^h + \beta_j \\
&= \mathbb{A}_j \ldots \mathbb{A}_0 a + \mathbb{A}_j \ldots \mathbb{A}_1 \mathbb{B}_0 u_0^h + \mathbb{A}_j \ldots \mathbb{A}_1 \beta_0 + \mathbb{A}_j \ldots \mathbb{A}_2 \mathbb{B}_1 u_1^h \\
&\quad + \mathbb{A}_j \ldots \mathbb{A}_2 \beta_1 + \cdots + \mathbb{A}_j \mathbb{B}_{j-1} u_{j-1}^h + \mathbb{A}_j \beta_{j-1} + \mathbb{B}_j u_j^h + \beta_j.
\end{aligned}
\tag{6.4}
$$

Wir definieren nun den Nn-dimensionalen Spaltenvektor

$$\mathbf{x} := \left(x_1^h, \ldots, x_N^h \right)^\top, \tag{6.5}$$

die $Nn \times n$-dimensionale Matrix

$$\mathbb{A} := \begin{pmatrix} \mathbb{A}_0 \\ \mathbb{A}_1 \mathbb{A}_0 \\ \vdots \\ \mathbb{A}_{N-1} \ldots \mathbb{A}_0 \end{pmatrix}, \tag{6.6}$$

die $Nn \times Nm$-dimensionale Matrix

$$\mathbb{B} := \begin{pmatrix} \mathbb{B}_0 & 0 & \cdots & 0 \\ \mathbb{A}_1\mathbb{B}_0 & \ddots & \ddots & \vdots \\ \vdots & \ddots & \mathbb{B}_{N-2} & 0 \\ \mathbb{A}_{N-1}\ldots\mathbb{A}_1\mathbb{B}_0 & \cdots & \mathbb{A}_{N-1}\mathbb{B}_{N-2} & \mathbb{B}_{N-1} \end{pmatrix} \tag{6.7}$$

und den Nn-dimensionalen Spaltenvektor

$$\beta := \begin{pmatrix} \beta_0 \\ \beta_1 + \mathbb{A}_1\beta_0 \\ \vdots \\ \beta_{N-1} + \mathbb{A}_{N-1}\beta_{N-2} + \cdots + \mathbb{A}_{N-1}\ldots\mathbb{A}_1\beta_0 \end{pmatrix}. \tag{6.8}$$

Wir können nun Gleichung (6.4) kurz schreiben als

$$\mathbf{x} = \mathbb{A}a + \mathbb{B}\mathbf{u} + \beta. \tag{6.9}$$

Schließlich definieren wir noch die $Nn \times Nn$-dimensionale symmetrische, positiv semidefinite Matrix

$$\mathbb{W} := \begin{pmatrix} hW(t_1) & 0 & \cdots & 0 \\ 0 & \ddots & \ddots & \vdots \\ \vdots & \ddots & hW(t_{N-1}) & 0 \\ 0 & \cdots & 0 & Q \end{pmatrix}, \tag{6.10}$$

den Nn-dimensionalen Spaltenvektor

$$\omega := \begin{pmatrix} hw(t_1) \\ \vdots \\ hw(t_{N-1}) \\ q \end{pmatrix} \tag{6.11}$$

und den Nm-dimensionalen Spaltenvektor

$$\rho := \begin{pmatrix} hr(t_0) \\ \vdots \\ hr(t_{N-1}) \end{pmatrix}. \tag{6.12}$$

Wir können mit Gleichung (6.9) nun das Zielfunktional $F^{v,N}$ aus Gleichung (4.8) in der folgenden Form darstellen:

$$F^{v,N}(x^h, u^h) = h\frac{1}{2}a^\top W(t_0)a + hw(t_0)^\top a$$

$$+ \frac{1}{2}[\mathbb{A}a + \mathbb{B}u + \beta]^\top \mathbb{W}[\mathbb{A}a + \mathbb{B}u + \beta]$$

$$+ \omega^t[\mathbb{A}a + \mathbb{B}u + \beta] + h\frac{v}{2}u^\top u + \rho^\top u. \quad (6.13)$$

Durch Auflösen der Klammern und Weglassen der Summanden, welche nicht von **u** abhängen, erhalten wir die Zielfunktion

$$F^{v,P}(\mathbf{u}) := \frac{1}{2}\mathbf{u}^\top \left[\mathbb{B}^\top \mathbb{W}\mathbb{B} + hvE_{Nm}\right]\mathbf{u}$$

$$+ \left[\mathbb{B}^\top \mathbb{W}\mathbb{A}a + \mathbb{B}^\top \mathbb{W}\beta + \mathbb{B}\omega + \rho\right]^\top \mathbf{u}. \quad (6.14)$$

Wir erhalten nun die zur Aufgabe (LQ_N) äquivalente Aufgabe

$$(P_{v,N}) \qquad \text{Minimiere} \quad F^{v,P}(\mathbf{u}) \qquad\qquad (6.15)$$

$$\text{bezüglich} \quad \mathbf{u} \in \mathcal{U}^{Nm}. \qquad\qquad (6.16)$$

Der zulässige Bereich ist wegen Voraussetzung (V2.3) nichtleer und kompakt. Nach dem Satz von Weierstraß über Minima und Maxima existiert mindestens ein Punkt $\mathbf{u}^* \in \mathcal{U}^{Nm}$, in dem das Minimum von $F^{v,P}$ auf der Menge $\mathcal{U}^{Nm}$ angenommen wird.

Die Hesse-Matrix der Zielfunktion $F^{v,P}$ ist positiv semidefinit für $v = 0$ und positiv definit für $v > 0$, denn für alle $\mathbf{u} \in \mathbb{R}^{Nm}$ gilt

$$\mathbf{u}^\top \mathbb{B}^\top \mathbb{W}\mathbb{B}\mathbf{u} = \mathbf{v}^\top \mathbb{W}\mathbf{v} \geq 0 \qquad\qquad (6.17)$$

mit $\mathbf{v} := \mathbb{B}\mathbf{u}$. Die Funktion $F^{v,P}$ ist somit konvex auf der konvexen Menge $\mathcal{U}^{Nm}$ und jeder lokale Minimalpunkt ist ein globaler Minimalpunkt. Für $v > 0$ besitzt die Aufgabe $(P_{v,N})$ genau eine Lösung, siehe [1], Satz 1.3.6.

6.2 Diskretisierung der zeitoptimalen Aufgabe

Im letzten Abschnitt konnten wir die Linearität der Differentialgleichung nutzen, um x^h nach Gleichung (6.9) in Abhängigkeit von u^h darzustellen. Nun werden wir am Beispiel der zeitoptimalen Aufgabe (LT_Z) untersuchen, zu welchen Schwierigkeiten es bereits bei dem Versuch kommt, die gleiche Strategie bei einer quadratischen Differentialgleichung anzuwenden. Wir machen jedoch keine Aussagen zur Konvergenz von Lösungen einer diskretisierten nichtlinearen Differentialgleichung.

Zur besseren Übersichtlichkeit nehmen wir an, dass die rechte Seite der Differentialgleichung (5.7) nicht von t abhängt und keinen konstanten Summanden enthält. Für alle $t \in [0, t^1]$ soll also gelten

$$A(t) =: A \in \mathbb{R}^{n \times n}, \qquad B(t) =: B \in \mathbb{R}^{n \times m}, \qquad b(t) = 0 \in \mathbb{R}^n. \tag{6.18}$$

Wir wollen nun die zeitoptimale Aufgabe (LT_Z) in eine Aufgabe über dem festen Zeitintervall $[0, 1]$ überführen. Dazu ersetzen wir den Endzeitpunkt t^1 durch den Parameter $\hat{T} > 0$ über welchen in der neuen Aufgabe auch optimiert wird, und erhalten als Differentialgleichung für die neue Aufgabe:

$$\frac{d}{ds}\hat{x}(s) = \hat{T}A\hat{x}(s) + \hat{T}B\hat{u}(s) \qquad \text{für fast alle } s \in [0, 1]. \tag{6.19}$$

Mit der Euler-Diskretisierung erhalten wir die diskrete Differenzen-Gleichung

$$\hat{x}^h_{j+1} = \hat{x}^h_j + \frac{\hat{T}}{N}\left(A\hat{x}^h_j + B\hat{u}^h_j\right), \qquad j = 0, \ldots, N-1. \tag{6.20}$$

Wir können zwar

$$\mathbb{A}_j := E^n + \frac{\hat{T}}{N}A, \qquad \mathbb{B}_j := \frac{\hat{T}}{N}B \tag{6.21}$$

für $j = 0, \ldots, N-1$ definieren, und mit den Gleichungen (6.6) und (6.7) erhalten wir eine Darstellung der Form

$$\hat{\mathbf{x}} = \mathbb{A}a + \mathbb{B}\hat{\mathbf{u}}, \tag{6.22}$$

allerdings hängen die Matrizen $\mathbb{A}$ und $\mathbb{B}$ von den Potenzen $\hat{T}^1, \ldots, \hat{T}^N$ ab. Das heißt, umso feiner die Diskretisierung gewählt wird, umso 'nichtlinearer' hängt

$\hat{x}^h$ von $\hat{u}^h$ und a ab. Der selbe Effekt tritt auch auf bei der Diskretisierung von bilinearen Systemen der Form

$$\dot{x}(t) = \left(A + \sum_{i=1}^{m} u_i(t)B_i \right) x(t) \qquad \text{für fast alle } t \in [0,T] \qquad (6.23)$$

mit $B_i \in \mathbb{R}^{n \times n}$ für $i = 1,\ldots,m$, siehe auch [15], Gleichung (1).

Ein weiterer Ansatz zum numerischen Lösen der Aufgabe $(LQ_{V,N})$ besteht darin, die Differenzengleichung (4.5) als Nebenbedingung zu behalten und über den Vektor

$$\begin{pmatrix} \mathbf{x} \\ \mathbf{u} \end{pmatrix} =: \mathbf{z} \in \mathbb{R}^{Nn+Nm} \qquad (6.24)$$

zu optimieren. Wir erhalten dann eine $Nn + Nm$-dimensionale Optimierungsaufgabe mit quadratischer Zielfunktion, Nm boxed constraints und Nn linearen Nebenbedingungen. Im Fall der Aufgabe (LT_Z) erhalten wir wegen der Randbedingung $\hat{x}(1) = 0$ eine $(N-1)n + Nm + 1$-dimensionale Optimierungsaufgabe mit linearer Zielfunktion, Nm boxed constraints, Nn quadratischen Nebenbedingungen und der Nebenbedingung $\hat{T} > 0$. Dieser Ansatz wurde im Rahmen der vorliegenden Arbeit nicht weiter untersucht.

6.3 Optimalitätstest

Bei einigen der in den folgenden Abschnitten diskutierten Aufgaben aus der optimalen Steuerung wurde ein numerischer Optimalitätstest auf der Grundlage der Lyapunov-Matrix-Differentialgleichung (siehe auch [9]) durchgeführt. In diesem Abschnitt beschränken wir uns auf Aufgaben der Form (LQ), welche neben den Voraussetzungen (V2.1), (V2.2) und (V2.3) auch die folgenden beiden Voraussetzungen erfüllen:

(V6.1) Es gelten $m = 1$ und $b^u = -b^l$. Die Funktionen w, r, A und B sind konstant und die Funktionen W und b sind Null für $t \in [0,T]$.

(V6.2) Es gelten $T = 1$ und $b^u = 1 = -b^l$. Die Funktionen w und r sind Null für $t \in [0,1]$.

Falls eine Aufgabe (LQ) die Voraussetzung (V6.1) aber nicht (V6.2) erfüllt, so kann diese in eine bezüglich der optimalen Trajektorien äquivalente Aufgabe umgeformt werden, welche beide Voraussetzungen erfüllt.

Es seien nun $(x,u) \in \mathscr{F}$ ein zulässiges Paar, p die zugehörige Adjungierte, σ die zugehörige Umschaltfunktion und Σ die Menge der Nullstellen von σ. Falls für σ die Voraussetzungen (V3.1) und (V3.2) erfüllt sind und die im nächsten Absatz definierten Nenner N_s^+ und N_s^- für alle $s \in \Sigma$ strikt positiv sind, dann ist nach [9], Lemma 3.1 und Theorem 4.1, (x,u) ein starker lokaler Minimierer. Mit der Konvexität von F erhalten wir die globale Optimalität von (x,u).

Die Matrix-Funktion Q^L sei für $t \in [0,1] \setminus \Sigma$ definiert als Lösung der Lyapunov-Matrix-Differentialgleichung

$$\dot{Q}^L(t) = -Q^L(t)A - A^\top Q^L(t), \tag{6.25}$$

siehe auch [9], Gleichung (12). Es gelte die Randbedingung

$$Q^L(1) = Q \tag{6.26}$$

und an den Sprungstellen $s \in \Sigma$ gelte

$$Q^L(s+0) - Q^L(s-0) = -\frac{\kappa_s}{N_s^-}d_s^- \left[d_s^-\right]^\top = -\frac{\kappa_s}{N_s^+}d_s^+ \left[d_s^+\right]^\top, \tag{6.27}$$

wobei

$$\kappa_s := -\frac{u(s+0) - u(s-0)}{p(s)^\top AB}, \tag{6.28}$$

$$d_s^\pm := Q^L(s \pm 0)B, \tag{6.29}$$

$$N_s^\pm := 1 \mp \kappa_s \left[d_s^\pm\right]^\top B, \tag{6.30}$$

siehe [9], Gleichungen (13) bis (15).

Bei dem numerischen Optimalitätstest, welcher in den folgenden Abschnitten angewendet wird, überprüfen wir die strikte Positivität der Nenner N_s^+ für die Diskretisierung der Funktion Q^L. Es seien $(x^{h,*}, u^{h,*}) \in \mathscr{F}^N$ eine Lösung der Aufgabe (LQ_N) mit der diskreten Adjungierten p^h und der stetigen diskreten Umschaltfunktion σ^h.

Wir bezeichnen mit

$$I^\Sigma := \left\{j \in \{1,\ldots,N-1\} \, \big| \, \sigma^h(t) = 0 \text{ für mindestens ein } t \in (t_{j-1},t_j]\right\} \tag{6.31}$$

die Menge der Indizes, bei denen die Umschaltfunktion im vorangehenden Teilintervall bezüglich der Diskretisierung das Vorzeichen wechselt. Das halboffene

Intervall ist so gewählt, da im Fall $\sigma_j^h = 0$ die Funktion $\sigma^h(t)$ für $t \in (t_j, t_{j+1})$ das gleiche Vorzeichen hat wie σ_{j+1}. Falls nun $u^h(t)$ für $t \in [t_{j-1}, t_{j+1})$ der Lösungsdarstellung (2.23) genügt, so findet zwischen u_{j-1}^h und u_j^h ein Sprung statt. Falls $\sigma_j^h \neq 0$ für alle $j = 0, \ldots, N-1$ erfüllt ist und u^h der Lösungsdarstellung (4.18) genügt, dann liegt j genau dann in I^Σ, wenn zwischen u_{j-1}^h und u_j^h ein Sprung stattfindet. Wegen der stückweisen Linearität von σ^h liegen genau dann zwei aufeinanderfolgende Indizes j und $j+1$ in I^Σ, wenn $\sigma^h(t) = 0$ für alle $t \in [t_j, t_{j+1}]$ gilt.

Wir setzen bei dem numerischen Optimalitätstest entsprechend der Randbedingung (6.26) zunächst

$$Q_N := Q, \tag{6.32}$$

und berechnen Q_j für $j = N-1, N-2, \ldots, 1$ solange, bis entweder die strikte Positivität aller im Folgenden definierten Nenner N_j^h für $j \in I^\Sigma$ überprüft wurde oder bis festgestellt wurde, dass einer der Nenner nichtpositiv ist.

Es sei $j \in \{0, \ldots, N-1\}$. Im Fall $j+1 \notin I^\Sigma$ wird Q_j mit der Diskretisierung von Gleichung (6.25) berechnet. Wir verwenden das implizite Euler-Verfahren, sodass Q_j der Gleichung

$$Q_j = Q_{j+1} + h\left(Q_{j+1}A + A^\top Q_{j+1}\right) \tag{6.33}$$

genügt. Im Fall $j+1 \in I^\Sigma$ genügt Q_j der Diskretisierung von Gleichung (6.27). Genauer gilt

$$Q_{j+1} - Q_j = -\frac{\kappa_{j+1}^h}{N_{j+1}^h} d_{j+1}^h \left[d_{j+1}^h\right]^\top, \tag{6.34}$$

wobei

$$\kappa_{j+1} := -\frac{u_{j+1}^h - u_j^h}{\left[p_{j+1}^h\right]^\top AB}, \tag{6.35}$$

$$d_{j+1}^h := Q_{j+1}B, \tag{6.36}$$

$$N_{j+1}^h := 1 - \kappa_{j+1}^h \left[d_{j+1}^h\right]^\top B. \tag{6.37}$$

Falls für alle $j \in I^\Sigma$ die Nenner N_j^h strikt positiv sind, so erhalten wir eine von den Ergebnissen aus Kapitel 4 unabhängige Bestätigung, dass $(x^{h,*}, u^{h,*})$ im Rahmen der Genauigkeit der Diskretisierung optimal für die Aufgabe (LQ) ist.

Die Nenner N_j^h bewerten wir als strikt positiv, wenn $N_j^h \gg h$ für alle $j \in I^{\Sigma}$ erfüllt ist. Die Werte sollen also sehr viel größer als die Schrittweite sein.

6.4 Düsenauto

Als erstes Anwendungsbeispiel widmen wir uns der Standardaufgabe eines Düsenautos, welches sich nach einer bestimmten Zeit mit möglichst geringer (eindimensionaler) Geschwindigkeit in der Nähe des Nullpunktes (auf der $\mathbb{R}$-Achse) befinden soll:

$$(LQ_{D1}) \qquad \text{Minimiere} \quad \frac{1}{2}x(5)^{\top} \begin{pmatrix} 1 & 0 \\ 0 & 1 \end{pmatrix} x(5), \tag{6.38}$$

$$\text{bezüglich} \quad (x,u) \in W_1^{\infty}(0,5;\mathbb{R}^2) \times L^{\infty}(0,5;\mathbb{R}), \tag{6.39}$$

$$\dot{x}(t) = \begin{pmatrix} 0 & 1 \\ 0 & 0 \end{pmatrix} x(t) + \begin{pmatrix} 0 \\ 1 \end{pmatrix} u(t)$$

$$\text{für fast alle } t \in [0,5], \tag{6.40}$$

$$x(0) = \begin{pmatrix} 6 \\ 1 \end{pmatrix}, \tag{6.41}$$

$$-1 \le u(t) \le +1 \quad \text{für fast alle } t \in [0,5]. \tag{6.42}$$

Die Steuerung u realisiert den Schub des Düsenautos, welcher betragsmäßig auf ein Maximum von 1 normiert ist. Der Schub kann positiv oder negativ sein, wodurch das Düsenauto je nach Orientierung der Geschwindigkeit x_2 beschleunigt oder abgebremst wird. Die Geschwindigkeit wirkt sich wiederum auf den Ort x_1 aus. Der euklidische Abstand des Zustandsvektors $x(t)$ am Ende der Bewegung bei $t = 5$ soll minimiert werden.

Nach [2], Example 6.1, gilt für die Lösung (x^*, u^*) der Aufgabe (LQ_{D1})

$$u^*(t) = \begin{cases} -1, & \text{falls } t \in [0,\tau], \\ +1, & \text{falls } t \in (\tau,5] \end{cases} \tag{6.43}$$

und

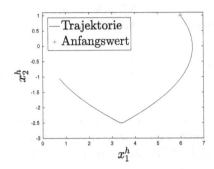

Abb. 6.1 (LQ_{D1}), Trajektorie

Abb. 6.2 (LQ_{D1}), Steuerung und Umschaltfunktion

$$x^*(t) = \begin{cases} \begin{pmatrix} -\frac{1}{2}t^2 + t + 6 \\ -t + 1 \end{pmatrix}, & \text{falls } t \in [0, \tau], \\ \begin{pmatrix} \frac{1}{2}t^2 - 2\tau t + t + \tau^2 + 6 \\ t - 2\tau + 1 \end{pmatrix}, & \text{falls } t \in (\tau, 5] \end{cases} \tag{6.44}$$

mit dem Umschaltpunkt $\tau \approx \hat{t} = 3.5174292$. Zur Auswertung der numerischen Ergebnisse verwenden wir den Umschaltpunkt $\hat{t}$. Für die numerische Lösung der diskretisierten Aufgabe mit $N = 100$ sind in Abb. 6.1 die Trajektorie und in Abb. 6.2 die Steuerung sowie die zugehörige Umschaltfunktion dargestellt.

Wir bemerken, dass in der Nähe des Umschaltpunktes $\hat{t}$ die diskrete Steuerung auf einem Diskretisierungsschritt betragsmäßig nicht in der Nähe des Maximums liegt. Dieser Effekt tritt auch bei feineren Diskretisierungen auf und entspricht den Beobachtungen aus den Sätzen 4.9 beziehungsweise 4.13. (i). Er ist möglicherweise dadurch zu erklären, dass bei der numerischen Berechnung der Optimierungsaufgabe die Lösung meist nur näherungsweise berechnet wird. Da die diskrete Umschaltfunktion σ^h in dem betreffenden Diskretisierungsschritt eine Nullstelle hat, gilt mit dem entsprechenden Index $\sigma_j^h(u_j^h - u_j^{h,*}) \approx 0$ mit einer diskreten optimalen Lösung $u^{h,*}$. Die diskrete Maximumbedingung (M_N) ist nur 'wenig verletzt'.

In Tabelle 6.1 sind die Abweichungen der numerischen Ergebnisse von der Lösung (x^*, u^*) für verschiedene Schrittweiten aufgeführt, wobei die Nullstelle der diskreten Umschaltfunktion σ^h mit s^h bezeichnet wird. Die Abweichungen wurden normiert mit $\sqrt{N}$ entsprechend der Abschätzungen aus Satz 4.6, (i) und Satz 4.11, sowie mit N entsprechend der Abschätzungen aus Satz 4.12, (i) und Satz 4.13, (ii). Um eine entsprechende Konvergenzrate zu bestätigen sollten mit wachsender Diskretisierungszahl N die Einträge ungefähr konstant bleiben oder abfallen.

N	$N\|u^h - u^*\|_1$	$\sqrt{N}\|u^h - u^*\|_1$	$N\|\hat{\tau} - s^h\|$	$\sqrt{N}\|\hat{\tau} - s^h\|$
50	3.8336	0.5422	0.8715	0.1232
100	5.0476	0.5048	1.7429	0.1743
200	3.5440	0.2506	3.4955	0.2472
400	5.6490	0.2825	2.0063	0.1003
800	4.9490	0.1750	0.3686	0.0130

Tabelle 6.1 (LQ_{D1}), Numerische Ergebnisse

Nach [2], Example 6.1, und Gleichung (2.22) gilt für die Umschaltfunktion σ zu der Lösung (x^*, u^*) für alle $t \in [0,5]$

$$\sigma(t) = \left(\tau^2 - 10\tau + 23.5\right)t - 5\tau^2 + 52\tau - 123.5 \tag{6.45}$$

und somit für alle $t \in (0,5)$

$$\dot{\sigma}(t) = \tau^2 - 10\tau + 23.5 \approx 0.6980 > 0. \tag{6.46}$$

Also sind für die Lösung (x^*, u^*) die Voraussetzungen (V3.1) und (V4.1) erfüllt. Die Ergebnisse aus Tabelle 6.1 für $N\|u^h - u^*\|_1$ scheinen die Abschätzung (i) aus Satz 4.12 zu bestätigen. Aus den Ergebnissen für $|\hat{\tau} - s^h|$ lässt sich mit den verwendeten Schrittweiten noch keine Regelmäßigkeit abschätzen. Eventuell ist dies erst bei kleineren Schrittweiten der Fall.

Der numerische Optimalitätstest aus Abschnitt 6.3 wurde für die numerischen Lösungen (x^h, u^h) der Diskretisierungen der Aufgabe (LQ_{D1}) mit den verschiedenen Schrittweiten durchgeführt. Die Nenner N_{j+1}^h waren für alle getesteten Schrittweiten strikt positiv.

Wir betrachten nun eine ähnliche Aufgabe, allerdings ist der Zeithorizont T noch nicht festgelegt und die Anfangsgeschwindigkeit ist Null. Das Düsenauto ruht am Anfang der Bewegung im Startpunkt $x_1(0) = 0$ und soll mit möglichst geringer Endgeschwindigkeit $x_2(T)$ möglichst nah an die Zielposition $x^f > 0$ gebracht werden.

(LQ_{D2}) Minimiere $\dfrac{1}{2}x(T)^{\top}\begin{pmatrix} 1 & 0 \\ 0 & 1 \end{pmatrix}x(T)+\begin{pmatrix} -x_1^f \\ 0 \end{pmatrix}^{\top}x(T),$ (6.47)

bezüglich $(x,u)\in W_1^{\infty}(0,T;\mathbb{R}^2)\times L^{\infty}(0,T;\mathbb{R}),$ (6.48)

$$\dot{x}(t)=\begin{pmatrix} 0 & 1 \\ 0 & 0 \end{pmatrix}x(t)+\begin{pmatrix} 0 \\ 1 \end{pmatrix}u(t)$$

für fast alle $t\in[0,T],$ (6.49)

$x(0)=0,$ (6.50)

$-1\le u(t)\le +1$ für fast alle $t\in[0,T].$ (6.51)

Es sei t^f der minimale Zeithorizont, mit welchem für eine Lösung $(x^*,u^*)\in\mathscr{F}$ der Zustand $x^*(t^f)=\left(x^f,0\right)^{\top}$ erreicht wird und somit das Zielfunktional $F(x^*,u^*)$ den minimalen Wert annimmt. Nach [4], Beispiel 3.2.3 gilt

$$t^f=2\sqrt{x^f},$$ (6.52)

und für die optimale Steuerung gilt

$$u^*(t)=\begin{cases} +1, & \text{falls } t\in[0,\tfrac{1}{2}t^f], \\ -1, & \text{falls } t\in(\tfrac{1}{2}t^f,t^f]. \end{cases}$$ (6.53)

Für größere Zeithorizonte mit $T>t^f$ können wir beliebig viele Lösungen der Aufgabe (LQ_{D2}) finden, denn nach Erreichen des Nullpunktes kann ab einem Zeitpunkt $t\in[t^f,T)$ der Zustand aus dem Nullpunkt heraus und wieder in den Nullpunkt hinein gesteuert werden. Dies wird beispielsweise durch eine Steuerung der Form

$$u(t)=\begin{cases} +1, & \text{falls } t\in(t^f,t^f+\varepsilon], \\ -1, & \text{falls } t\in(t^f+\varepsilon,t^f+3\varepsilon], \\ +1, & \text{falls } t\in(t^f+3\varepsilon,t^f+4\varepsilon] \end{cases}$$ (6.54)

mit einem hinreichend kleinen $\varepsilon>0$ realisiert. Diesem Effekt können wir entgegenwirken, indem wir auch über die Steuerung optimieren, genauer über $\|u\|_1$. Dieser Term wird im Zielfunktional hinzugefügt, und der Term aus dem ursprünglichen Zielfunktional wird durch eine Konstante $\rho\gg0$ gewichtet. Wir erhalten ein Zielfunktional der Form

$$F(x,u)=\dfrac{1}{2}x(T)^{\top}\begin{pmatrix} \rho & 0 \\ 0 & \rho \end{pmatrix}x(T)+\begin{pmatrix} -\rho x_1^f \\ 0 \end{pmatrix}^{\top}x(T)+\int\limits_0^T|u(t)|\,\mathrm{d}t.$$ (6.55)

Damit wir eine Aufgabe vom Typ (LQ) erhalten, ersetzen wir die Steuerung u durch die Steuerung $\hat{u} = (v,w)^\top$. Die Steuerung $\hat{u}$ besteht aus dem positiven und dem negativen Anteil von u gemäß

$$u = v - w, \tag{6.56}$$

mit $v(t), w(t) \in [0,1]$ für fast alle $t \in [0,T]$. Wir erhalten die folgende Aufgabe:

(LQ_{D3}) Minimiere $\dfrac{1}{2}x(T)^\top \begin{pmatrix} \rho & 0 \\ 0 & \rho \end{pmatrix} x(T) + \begin{pmatrix} -\rho x_1^f \\ 0 \end{pmatrix}^\top x(T)$

$$+ \int_0^T \begin{pmatrix} 1 \\ 1 \end{pmatrix}^\top \hat{u}(t)\,dt, \tag{6.57}$$

bezüglich $(x,\hat{u}) \in W_1^\infty(0,T;\mathbb{R}^2) \times L^\infty(0,T;\mathbb{R}^2),$ $\tag{6.58}$

$$\dot{x}(t) = \begin{pmatrix} 0 & 1 \\ 0 & 0 \end{pmatrix} x(t) + \begin{pmatrix} 0 & 0 \\ 1 & -1 \end{pmatrix} \hat{u}(t)$$

für fast alle $t \in [0,T]$, $\tag{6.59}$

$$x(0) = 0, \tag{6.60}$$

$$\begin{pmatrix} 0 \\ 0 \end{pmatrix} \leq \hat{u}(t) \leq \begin{pmatrix} 1 \\ 1 \end{pmatrix} \quad \text{für fast alle } t \in [0,T]. \tag{6.61}$$

Die Komponenten $\hat{u}_1$ und $\hat{u}_2$ wirken entgegengesetzt in Gleichung (6.59), für eine optimale Steuerung $\hat{u}^*$ ist offenbar für fast alle $t \in [0,T]$ $\hat{u}_1^*(t) = 0$ oder $\hat{u}_2^*(t) = 0$ erfüllt. Somit gilt im Fall einer optimalen Steuerung $\hat{u}^*$

$$\int_0^T \hat{u}_1^*(t) + \hat{u}_2^*(t)\,dt = \int_0^T |\hat{u}_1^*(t)| + |\hat{u}_2^*(t)|\,dt = \int_0^T |\hat{u}_1^*(t) - \hat{u}_2^*(t)|\,dt, \tag{6.62}$$

und das Zielfunktional der Aufgabe (LQ_{D3}) ist äquivalent zu dem in der Gleichung (6.55).

Wir untersuchen nun die numerischen Lösungen der Diskretisierung der Aufgabe (LQ_{D3}) mit der Zielposition $x^f = 4$ und dem Zeithorizont $T = 5$. Für $N = 100$ und $\rho = 1$ sind in Abb. 6.3 die Trajektorie und in Abb. 6.4 die Steuerung dargestellt.

Weiterhin sind für den Fall $N = 100$ und $\rho = 10$ die Trajektorie in Abb. 6.5 und die Steuerung in Abb. 6.6 dargestellt.

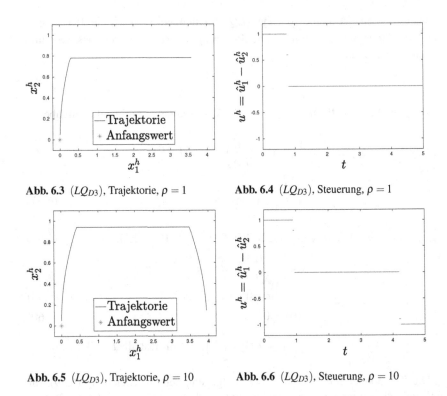

Abb. 6.3 (LQ_{D3}), Trajektorie, $\rho = 1$ **Abb. 6.4** (LQ_{D3}), Steuerung, $\rho = 1$

Abb. 6.5 (LQ_{D3}), Trajektorie, $\rho = 10$ **Abb. 6.6** (LQ_{D3}), Steuerung, $\rho = 10$

Es gilt $T = 5 > 4 = t^f$ nach Gleichung (6.52), es existiert also ein zulässiges Paar $(x, u) \in \mathscr{F}$, sodass $x(5) = 0$ erfüllt ist. Wegen des Integralterms in Gleichung (6.57) ist dies jedoch bei einer Lösung der Aufgabe (LQ_{D3}) mit $T = 5$ und $x^f = 4$ nicht zwingend der Fall. Mit wachsendem ρ steigt die Gewichtung auf das Terminalfunktional im Zielfunktional. In Tabelle 6.2 sind mit verschiedenen Parametern ρ die euklidischen Abstände der Endzustände zu dem für das Terminalfunktional optimalen Endzustand aufgeführt. Nach diesen Ergebnissen scheint der euklidische Abstand $\left| x_{100}^h - \left(x^f, 0 \right)^\top \right|$ in etwa umgekehrt proportional zu dem Parameter ρ zu sein.

$$\frac{\rho \quad \left| x^h_{100} - \left(x^f, 0 \right)^\top \right|}{\begin{array}{ll} 1 & 0.8877 \\ 10 & 0.1576 \\ 100 & 0.0175 \\ 1000 & 0.0018 \\ 10000 & 0.0002 \end{array}}$$

Tabelle 6.2 (LQ_{D3}), Abstand des Endzustandes von der Zielposition

6.5 Aufgabe mit linearem zeitunabhängigem Integralterm

Wir beschäftigen uns nun mit einer Aufgabe aus [12], Example 17.2.

(LQ_{LW1}) Minimiere $\displaystyle\int_0^2 -2x(t) + 3u(t)\,dt,$ (6.63)

                bezüglich $(x,u) \in W_1^\infty(0,2;\mathbb{R}) \times L^\infty(0,2;\mathbb{R}),$ (6.64)

                          $\dot{x}(t) = x(t) + u(t)$ für fast alle $t \in [0,2],$ (6.65)

                          $x(0) = 5,$ (6.66)

                          $0 \leq u(t) \leq 2$ für fast alle $t \in [0,2].$ (6.67)

Nach [4], Beispiel 5.1.1 gelten für die eindeutige Lösung (x^*, u^*) der Aufgabe (LQ_{LW1}) mit dem Umschaltpunkt $\tau = 2 - \ln\left(\frac{5}{2}\right)$

$$u^*(t) = \begin{cases} 2, & \text{falls } t \in [0,\tau], \\ 0, & \text{falls } t \in (\tau,2] \end{cases} \tag{6.68}$$

und

$$x^*(t) = \begin{cases} 7e^t - 2, & \text{falls } t \in [0,\tau], \\ 7e^t - 5e^{t-2}, & \text{falls } t \in (\tau,2], \end{cases} \tag{6.69}$$

für die zugehörige Umschaltfunktion σ gelten für alle $t \in [0,T]$

$$\sigma(t) = -5 + 2e^{2-t} \tag{6.70}$$

und für alle $t \in (0,T)$

$$\dot{\sigma}(t) = -2e^{2-t}. \tag{6.71}$$

N	$N\|u^h - u^*\|_1$	$\sqrt{N}\|u^h - u^*\|_1$	$N\|\tau - s^h\|$	$\sqrt{N}\|\tau - s^h\|$
50	4.3709	0.6181	2.9013	0.4103
100	4.7419	0.4742	2.9094	0.2909
200	5.4837	0.3878	2.9140	0.2060
400	2.9674	0.1484	2.9145	0.1457
800	5.9348	0.2098	2.9158	0.1031

Tabelle 6.3 (LQ_{LW1}), Numerische Ergebnisse

Für den Umschaltpunkt τ gilt $\dot{\sigma}(\tau) = -5 < 0$, es sind also die Voraussetzungen (V3.1) und (V4.1) erfüllt.

In Abb. 6.7 ist der Zustand x^h für eine numerische Lösung der Diskretisierung der Aufgabe (LQ_{LW1}) mit $N = 100$ dargestellt. Abb. 6.8 enthält die zugehörige Umschaltfunktion und Steuerung.

In Tabelle 6.3 sind, analog zur Aufgabe (LQ_{D1}), die normierten Abweichungen der numerischen Ergebnisse von der Lösung (x^*, u^*) der Aufgabe (LQ_{LW1}) aufgeführt. Die Ergebnisse scheinen die Abschätzungen aus Satz 4.12, (i) und Satz 4.13, (ii) zu bestätigen.

Wir beschäftigen uns nun mit der Regularisierung der Aufgabe (LQ_{LW1}). Um eine Konvergenzrate entsprechend der Abschätzung (4.108) zu erreichen, wählen wir den Regularisierungsparameter $v = \sqrt{h}$. In Abb. 6.9 und Abb. 6.10 sind die numerisch berechneten optimalen Steuerungen für verschiedene Schrittweiten dargestellt.

In Tabelle 6.4 sind die Abweichungen der numerischen Ergebnisse mit dem Regularisierungsparameter $v = \sqrt{h}$ von der Lösung der nicht regularisierten Aufgabe (LQ_{LW1}) enthalten. Die Ergebnisse scheinen die Abschätzung (4.108) zu bestätigen.

N	$\sqrt{N}\|u^h - u^*\|_1$
50	1.1014
100	0.9336
200	0.8315
400	0.7538
800	0.7461

Tabelle 6.4 (LQ_{LW1}), Numerische Ergebnisse für $v = \sqrt{h}$

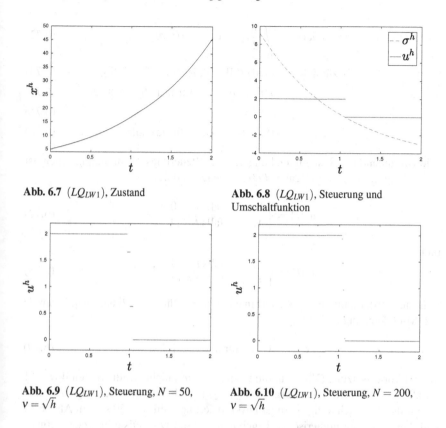

Abb. 6.7 (LQ_{LW1}), Zustand

Abb. 6.8 (LQ_{LW1}), Steuerung und Umschaltfunktion

Abb. 6.9 (LQ_{LW1}), Steuerung, $N = 50$, $v = \sqrt{h}$

Abb. 6.10 (LQ_{LW1}), Steuerung, $N = 200$, $v = \sqrt{h}$

6.6 Aufgabe mit quadratischem zeitabhängigem Integralterm

Wir beschäftigen uns mit einer Aufgabe aus [6], Example 3.2, welche angelehnt ist an eine Aufgabe aus [12], Example 17.3. Im Gegensatz zu den anderen Aufgabe, welche wir im Verlauf der vorliegenden Arbeit untersuchen, sind nicht alle Parameter zeitlich konstant. In [6] steht die Aufgabe mit dem Integralterm $\frac{1}{2}(x(t) - t)^2$. Um eine Aufgabe vom Typ (LQ) zu erhalten, multiplizieren wir den Integralterm aus und lassen den Term $\int_0^2 \frac{1}{2} t^2 \, dt$ im Zielfunktional weg, da dieser konstant ist.

(LQ_{LW2}) Minimiere $\displaystyle\int_0^2 \frac{1}{2}x(t)^\top x(t) - tx(t)\,\mathrm{d}t,$ (6.72)

bezüglich $(x,u) \in W_1^\infty(0,2;\mathbb{R}) \times L^\infty(0,2;\mathbb{R}),$ (6.73)

$\dot{x}(t) = u(t)$ für fast alle $t \in [0,2],$ (6.74)

$x(0) = 1,$ (6.75)

$0 \leq u(t) \leq 2$ für fast alle $t \in [0,2].$ (6.76)

Wie wir anhand der Systemgleichung und der Steuerungsbeschränkung sehen, ist die Lösung (x^*, u^*) der Aufgabe (LQ_{LW2}) gegeben durch

$$u^*(t) = \begin{cases} 0, & \text{falls } t \in [0,1], \\ 1, & \text{falls } t \in (1,2] \end{cases} \qquad (6.77)$$

und

$$x^*(t) = \begin{cases} 1, & \text{falls } t \in [0,1], \\ t, & \text{falls } t \in (1,2], \end{cases} \qquad (6.78)$$

siehe auch [6], Example 3.2. Weiterhin gilt $p(t) = 0$ für $t \in [1,2]$ nach [6], Example 3.2. Mit Gleichung (2.22) folgt

$$\sigma(t) = 0 \qquad \text{für alle } t \in [1,2], \qquad (6.79)$$

also ist Voraussetzung (V3.1) für die Lösung (x^*, u^*) nicht erfüllt. Wegen $W(t) = 1$ für alle $t \in [0,2]$ erfüllt die Aufgabe (LQ_{LW2}) jedoch die Voraussetzung (V3.3).

Für die vergleichsweise geringe Diskretisierungszahl $N = 50$ sind in Abb. 6.11 und Abb. 6.12 die numerischen Ergebnisse für die Diskretisierung der Aufgabe (LQ_{LW2}) dargestellt. Ähnlich wie bei der Aufgabe (LQ_{D1}) tritt der Effekt auf, dass in der Nähe des Umschaltpunktes $t = 1$ die Steuerung u^h nicht exakt mit der optimalen Steuerung u^* übereinstimmt.

Wie von den Ergebnissen in Tabelle 6.5 scheinbar bestätigt wird, können wir für die Numerischen Ergebnisse der Aufgabe (LQ_{LW2}) keine Konvergenz wie in Satz 4.6, (i) oder Abschätzung (4.108) erwarten, da bereits Voraussetzung (V3.1) nicht erfüllt ist.

In Abb. 6.13 bis 6.16 sind die numerisch berechneten Steuerungen für eine vergleichsweise große Diskretisierungszahl und verschiedene Regularisierungsparameter dargestellt. Durch die Regularisierung ist eine Glättung der Steuerungen sichtbar.

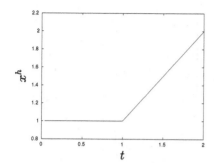

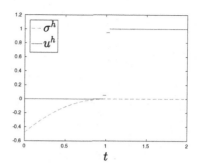

Abb. 6.11 (LQ_{LW2}), Zustand, $N = 50$　　　　**Abb. 6.12** (LQ_{LW2}), Steuerung und Umschaltfunktion, $N = 50$

N	$\left\| u^h - u^* \right\|_1$ für $v = 0$	$\left\| u^h - u^* \right\|_1$ für $v = \sqrt{h}$	$\left\| u^h - u^* \right\|_1$ für $v = h^{\frac{2}{3}}$	$\left\| u^h - u^* \right\|_1$ für $v = h$
50	0.0043	0.6765	0.5666	0.3644
100	0.0207	0.5975	0.4642	0.2557
200	0.0392	0.5210	0.3761	0.1816
400	0.0333	0.4508	0.2999	0.1327
800	0.1523	0.4137	0.2626	0.1869
1600	0.2598	0.4358	0.3312	0.2676

Tabelle 6.5 (LQ_{LW2}), Abweichungen der Steuerungen für verschiedene Regularisierungsparameter

Tatsächlich scheinen nach Tabelle 6.5 die Abweichungen der numerischen Lösungen von der optimalen Steuerung mit steigender Diskretisierungszahl N sogar zu wachsen. Dies ist möglicherweise dadurch zu erklären, dass in MATLAB nur mit einer bestimmten Genauigkeit gerechnet wird. Durch eine höhere Diskretisierungszahl ist eventuell auch der kumulierte Diskretisierungsfehler größer. Dieser Effekt scheint bei der regularisierten Aufgabe erst bei größeren Diskretisierungszahlen aufzutreten.

Nach Abschätzung (4.110) konvergiert die Lösung der mit $v = h^{\frac{2}{3}}$ regularisierten Aufgabe in der L^2-Norm in $O(h^{\frac{1}{3}})$. In Tabelle 6.6 sind die entsprechenden numerischen Ergebnisse mit verschiedenen Regularisierungsparametern aufgeführt. Für $v = \sqrt{h}$ und $v = h^{\frac{2}{3}}$ sind auch die normierten Ergebnisse enthalten.

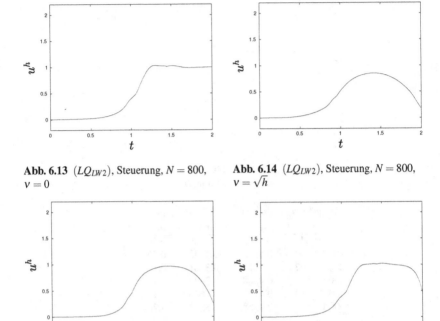

Abb. 6.13 (LQ_{LW2}), Steuerung, $N = 800$, $v = 0$

Abb. 6.14 (LQ_{LW2}), Steuerung, $N = 800$, $v = \sqrt{h}$

Abb. 6.15 (LQ_{LW2}), Steuerung, $N = 800$, $v = h^{\frac{2}{3}}$

Abb. 6.16 (LQ_{LW2}), Steuerung, $N = 800$, $v = h$

Die Ergebnisse für den Regularisierungsparameter $v = h^{\frac{2}{3}}$ scheinen die Abschätzung (4.110) zu bestätigen. Das Ergebnis für $N = 1600$ ist vermutlich wieder auf die nicht exakte Rechnung mit MATLAB zurückzuführen.

In Abb. 6.17 und Abb. 6.18 sind die numerisch berechneten Zustände für $v = \sqrt{h}$ und $v = h^{\frac{2}{3}}$ dargestellt.

N	$\|x^h - x^*\|_2$ für $v = 0$	$\|x^h - x^*\|_2$ für $v = \sqrt{h}$	$\sqrt{N}\,\|x^h - x^*\|_2$ für $v = \sqrt{h}$	$\|x^h - x^*\|_2$ für $v = h^{\frac{1}{3}}$	$N^{\frac{1}{3}}\,\|x^h - x^*\|_2$ für $v = h^{\frac{2}{3}}$
50	0.0462	0.1698	1.2008	0.1278	0.4707
100	0.0232	0.1449	1.4491	0.0983	0.4562
200	0.0121	0.1204	1.7025	0.0736	0.4303
400	0.0064	0.0981	1.9626	0.0536	0.3946
800	0.0250	0.0831	2.3490	0.0422	0.3919
1600	0.0560	0.0851	3.4029	0.0619	0.7242

Tabelle 6.6 (LQ_{LW2}), Abweichungen der Zustände für verschiedene Regularisierungsparameter

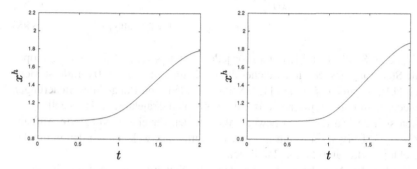

Abb. 6.17 (LQ_{LW2}), Zustand, $N = 800$, $v = \sqrt{h}$

Abb. 6.18 (LQ_{LW2}), Zustand, $N = 800$, $v = h^{\frac{2}{3}}$

6.7 Ein numerischer Ansatz zur Synthese

Wir betrachten die folgende Aufgabe mit freiem Zeithorizont $t^1 > 0$ aus [13], Chapter V, Exercise 10:

(MS) Minimiere $\displaystyle\int_0^{t^1} |u(t)|\, dt,$ (6.80)

bezüglich $(x,u) \in W_1^\infty(0,t^1;\mathbb{R}^2) \times L^\infty(0,t^1;\mathbb{R}),$ (6.81)

$$\dot{x}(t) = \begin{pmatrix} 1 & -1 \\ 0 & 1 \end{pmatrix} x(t) + \begin{pmatrix} -1 \\ 1 \end{pmatrix} u(t)$$

für fast alle $t \in [0,t^1]$,   (6.82)

$x(0) = a \in \mathbb{R}^2 \setminus \{0\},$ (6.83)

$x(t^1) = 0,$ (6.84)

$-1 \le u(t) \le +1$ für fast alle $t \in [0,t^1]$.   (6.85)

Bei dem Syntheseproblem wird für jeden Anfangswert $a \in \mathbb{R}^2 \setminus \{0\}$ eine optimale Steuerung gesucht, mit welcher die Endbedingung $x(t^1) = 0$ erfüllt ist, siehe auch [14], Kapitel 1, § 5, und [13], Seite 9. Im Fall von Bang-Bang-Steuerungen versucht man dabei typischerweise, die optimalen Trajektorien darzustellen, auf denen sich der Zustand $x(t)$ bewegt. Wir werden für eine modifizierte Aufgabe (LQ_{MS}) die Kurven im Raum $\mathbb{R}^2$ approximieren, auf welchen bei den optimalen Trajektorien die Umschaltpunkte liegen.

Wie bei der Aufgabe (LQ_{D3}) ersetzen die Steuerung u durch die Steuerung $\hat{u} \in L^\infty(0,t^1;\mathbb{R}^2)$, welche aus dem positiven und dem negativen Anteil von u besteht. Weiterhin modifizieren wir die Aufgabe (MS) dahingehend, dass wir die Endbedingung $x(t^1) = 0$ weglassen, und stattdessen das Terminalfunktional

$$\frac{\rho}{2} x(t^1)^\top x(t^1)$$ (6.86)

mit dem Gewichtungsparameter $\rho \gg 0$ zum Zielfunktional hinzufügen. Schließlich ersetzen wir t^1 durch den festen Zeithorizont $T > 0$ und erhalten die folgende Aufgabe:

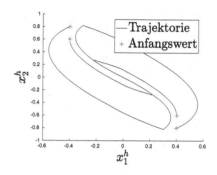

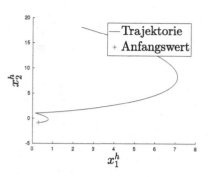

Abb. 6.19 (LQ_{MS}), Trajektorien, verschiedene Anfangswerte

Abb. 6.20 (LQ_{MS}), Trajektorie, $a = (0.3, -0.9)^\top$

$$(LQ_{MS}) \quad \text{Minimiere} \quad \frac{1}{2}x(T)^\top \begin{pmatrix} \rho & 0 \\ 0 & \rho \end{pmatrix} x(T) + \int_0^T \begin{pmatrix} 1 \\ 1 \end{pmatrix}^\top \hat{u}\,\mathrm{d}t, \qquad (6.87)$$

$$\text{bezüglich} \quad (x,\hat{u}) \in W_1^\infty(0,T;\mathbb{R}^2) \times L^\infty(0,T;\mathbb{R}^2), \qquad (6.88)$$

$$\dot{x}(t) = \begin{pmatrix} 1 & -1 \\ 0 & 1 \end{pmatrix} x(t) + \begin{pmatrix} -1 & 1 \\ 1 & -1 \end{pmatrix} \hat{u}(t)$$

$$\text{für fast alle } t \in [0,T], \qquad (6.89)$$

$$x(0) = a \in \mathbb{R}^2 \setminus \{0\}, \qquad (6.90)$$

$$\begin{pmatrix} 0 \\ 0 \end{pmatrix} \leq \hat{u}(t) \leq \begin{pmatrix} 1 \\ 1 \end{pmatrix} \quad \text{für fast alle } t \in [0,t^1]. \quad (6.91)$$

Für $N = 200$, $\rho = 100$ und $T = 10$ sind in Abb. 6.19 und Abb. 6.20 die numerisch berechneten optimalen Trajektorien dargestellt.

In Abb. 6.19 und Abb. 6.20 markieren die blauen Punkte die Nullstellen der Umschaltfunktionen σ_1^h und die roten Punkte markieren die Nullstellen der Umschaltfunktionen σ_2^h. Bei den numerischen Berechnungen konnte nicht für alle Startpunkte eine optimale Trajektorie in den Nullpunkt gefunden werden, wie auch in Abb. 6.20 ersichtlich ist. Tatsächlich wurden bei den Berechnungen mit MATLAB für verschiedene Zeithorizonte nur dann Trajektorien in die Nähe des Nullpunktes gefunden, wenn der Startpunkt in einem Bereich um den Nullpunkt und in $[-1,1] \times [-1,1]$ lag.

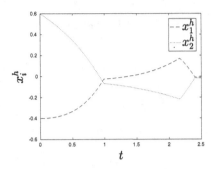 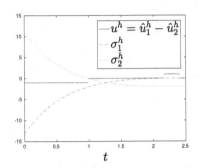

Abb. 6.21 (LQ_{MS}), Zustände, $a = (-0.4, 0.6)^\top$ **Abb. 6.22** (LQ_{MS}), Steuerung und Umschalt-funktionen, $a = (-0.4, 0.6)^\top$

Für $N = 200$, $\rho = 100$, $T = 2.5$ und $a = (-0.4, 0.6)^\top$ sind in Abb. 6.21 die Zustände und in Abb. 6.22 die Steuerung sowie die Umschaltfunktionen der numerischen Ergebnisse dargestellt.

Für die numerische Approximation der Kurven der Umschaltpunkte verwenden wir den Parameter $\rho = 100$ und die Diskretisierungszahlen $N = 50, 100, 200, 400$.

Die Startpunkte für die Berechnungen werden folgendermaßen gewählt: Zunächst approximieren wir die Menge $[-1, 1] \times [-1, 1]$ durch ein gleichmäßiges quadratisches Gitter mit $21 \cdot 21$ Gitterpunkten $\hat{a}$. Um eine größere Dichte von Startpunkten um den Nullpunkt zu erhalten werden die Startpunkte a berechnet durch

$$a := \begin{pmatrix} \hat{a}_1 \, |\hat{a}_1| \\ \hat{a}_2 \, |\hat{a}_2| \end{pmatrix}. \tag{6.92}$$

Für jeden Startpunkt, mit Ausnahme des Nullpunktes, überprüfen wir für die mit $T = 15$ numerisch berechnete Trajektorie, ob

$$\left| x_N^h \right| \leq 1 \tag{6.93}$$

gilt. Falls dies nicht erfüllt ist, so wird die Trajektorie nicht verwendet und wir überprüfen den nächsten Startpunkt.

Falls die Bedingung (6.93) erfüllt ist, so verwenden wir die Umschaltpunkte der numerisch berechneten Trajektorie mit dem überprüften Startpunkt und dem Zeithorizont, welchen wir durch das folgende Verfahren ermitteln. Wir beginnen mit $T^{\min} = 0$ und $T^{\max} = 30$. Falls für die Trajektorie x^h, welche mit dem Zeithorizont

N	Zeit
50	3.4m
100	39.1m
200	4.3h
400	41.4h

Tabelle 6.7 (LQ_{MS}), Berechnungsdauer

$$T = \frac{T^{\min} + T^{\max}}{2} \tag{6.94}$$

berechnet wurde, die Bedingung

$$\left| x_N^h \right| \leq 0.001 \tag{6.95}$$

erfüllt ist, so ist der Zeithorizont zu groß gewählt. Wir ersetzen $T^{\max}$ durch T, und berechnen erneut eine Trajektorie mit dem Zeithorizont aus Gleichung (6.94). Falls die Bedingung (6.95) nicht erfüllt ist, aber

$$\left| x_N^h \right| \geq 0.1 \tag{6.96}$$

gilt, so ist der Zeithorizont zu klein gewählt. Wir ersetzen $T^{\min}$ durch T, und berechnen erneut eine Trajektorie mit dem Zeithorizont aus Gleichung (6.94). Falls weder (6.95) noch (6.96) erfüllt sind, so haben wir eine Trajektorie mit

$$0.001 < \left| x_N^h \right| < 0.1 \tag{6.97}$$

gefunden. Wir nehmen an, dass einerseits die Endbedingung $x(t^1)$ aus Aufgabe (MS) hinreichend genau approximiert ist, und andererseits der Zeithorizont klein genug gewählt ist, damit nicht wie in Abb. 6.21 die Zustände am Ende des Zeitintervalls in der Nähe des Nullpunkts ruhen. Wir verwenden die Umschaltpunkte auf der gefundenen Trajektorie und gehen über zum nächsten Startpunkt.

In Tabelle 6.7 sind für die getesteten Schrittweiten die gerundeten Rechenzeiten angegeben, die für das beschriebene Verfahren benötigt wurden. Die Berechnungen wurden mit der Leistung von etwa 1.5 Prozessorkernen eines Prozessors vom Typ 'Six-Core AMD Opteron Processor 2427' durchgeführt.

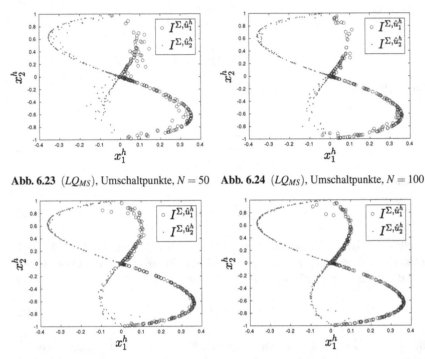

Abb. 6.23 (LQ_{MS}), Umschaltpunkte, $N = 50$ **Abb. 6.24** (LQ_{MS}), Umschaltpunkte, $N = 100$

Abb. 6.25 (LQ_{MS}), Umschaltpunkte, $N = 200$ **Abb. 6.26** (LQ_{MS}), Umschaltpunkte, $N = 400$

In Abb. 6.23 bis 6.26 sind die numerisch berechneten Zustände an den Umschaltpunkten dargestellt. Die Mengen $I^{\Sigma,\hat{u}_1^h}$ und $I^{\Sigma,\hat{u}_2^h}$ sind dabei analog zu Gleichung (6.31) definiert.

Wir können bei den getesteten Schrittweiten beobachten, dass bei einer Halbierung der Schrittweite die Approximation genauer wird, allerdings steigt auch der Rechenaufwand sehr stark an.

6.8 Harmonischer Oszillator

Wir betrachten schließlich noch die zeitoptimale Aufgabe aus [10], Abschnitt 5.3:

(LT_H) Minimiere $\displaystyle\int_0^{t^1} 1 \, dt,$ (6.98)

bezüglich $(x,u) \in W_1^\infty(0,t^1;\mathbb{R}^2) \times L^\infty(0,t^1;\mathbb{R}),$ (6.99)

$$\dot{x}(t) = \begin{pmatrix} 0 & 1 \\ -1 & 0 \end{pmatrix} x(t) + \begin{pmatrix} 0 \\ 1 \end{pmatrix} u(t)$$

für fast alle $t \in [0,t^1],$ (6.100)

$x(0) = a \in \mathbb{R}^2 \setminus \{0\},$ (6.101)

$x(t^1) = 0,$ (6.102)

$-1 \le u(t) \le +1$ für fast alle $t \in [0,t^1].$ (6.103)

Ein (eindimensionales) Pendel soll in möglichst geringer Zeit in die Ruhelage mit der Winkelgeschwindigkeit Null gesteuert werden. Die Steuerung stellt dabei einen anpassbaren Anteil der Winkelbeschleunigung dar.

Wir modifizieren die Aufgabe (LT_H), indem wir die Endbedingung $x(t^1) = 0$ durch das Terminalfunktional $\frac{1}{2}x(t^1)^\top x(t^1)$ annähern und den zu optimierenden Zeithorizont t^1 durch den festen Zeithorizont T ersetzen.

(LQ_H) Minimiere $\displaystyle\frac{1}{2}x(T)^\top \begin{pmatrix} 1 & 0 \\ 0 & 1 \end{pmatrix} x(T),$ (6.104)

bezüglich $(x,u) \in W_1^\infty(0,T;\mathbb{R}^2) \times L^\infty(0,T;\mathbb{R}),$ (6.105)

$$\dot{x}(t) = \begin{pmatrix} 0 & 1 \\ -1 & 0 \end{pmatrix} x(t) + \begin{pmatrix} 0 \\ 1 \end{pmatrix} u(t)$$

für fast alle $t \in [0,T],$ (6.106)

$x(0) = a \in \mathbb{R}^2 \setminus \{0\},$ (6.107)

$-1 \le u(t) \le +1$ für fast alle $t \in [0,T].$ (6.108)

Wir wollen bei den numerischen Testrechnungen einen Zeithorizont T verwenden, für welchen wie in Abschnitt 5.3 die Bedingung $T < T^*$ erfüllt ist, wobei T^* die minimale Endzeit aus der Aufgabe (LT_H) darstellt. Dazu können wir ein ähnliches Verfahren wie in Abschnitt 6.7 verwenden, wobei wir für $|x(T)| \approx 0$ den Zeithorizont verkleinern und für $|x(T)| \gg 0$ den Zeithorizont vergrößern.

Für $N = 400$, $T = 16.875$ und $a = (0,-10)^\top$ sind in Abb. 6.27 die Trajektorie und in Abb. 6.28 die Steuerung und Umschaltfunktion der numerischen Ergebnisse der Diskretisierung der Aufgabe (LQ_H) dargestellt. Für die Ergebnisse wurde der

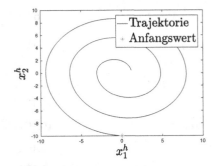

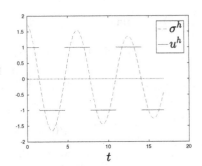

Abb. 6.27 (LQ_H), Trajektorie

Abb. 6.28 (LQ_H), Steuerung und Umschaltfunktion

Optimalitätstest aus Abschnitt 6.3 durchgeführt, wobei alle Nenner strikt positiv waren.

Bei einer Lösung der Aufgabe (LT_H) beträgt nach [10], Abschnitt 5.3 der Abstand der aufeinanderfolgenden Umschaltpunkte π. Für die numerischen Ergebnisse der modifizierten Aufgabe lagen die entsprechenden Abstände bei rund 3.1219 und 3.1641.

Kapitel 7
Zusammenfassung

Im Verlauf der vorliegenden Arbeit haben wir die Aufgabe (LQ) aus dem Bereich der optimalen Steuerung untersucht. Charakteristisch für diese Aufgabe sind das linear-quadratische Zielfunktional F, die lineare Systemgleichung f mit dem festen Anfangswert a, der kompakte und konvexe Steuerbereich U und der feste Zeithorizont T. Wir haben die Existenz einer Lösung gesichert und notwendige Optimalitätsbedingungen angegeben, welche für die Aufgabe (LQ) auch hinreichend sind.

Wir haben dann eine Regularisierung der Aufgabe (LQ) behandelt, durch welche auch die Eindeutigkeit der Lösung gesichert wurde. Ausserdem haben wir eine Diskretisierung der Aufgabe diskutiert.

Für den Fall, dass die Lösung der Aufgabe (LQ) eine Bang-Bang-Steuerung mit einer gewissen Stabilitätsbedingung aufweist, konnten wir verschiedene Aussagen zeigen: Wir haben zunächst auch die eindeutige Lösbarkeit der nichtregularisierten Aufgabe gezeigt sowie die Konvergenz der Lösung der regularisierten Aufgabe gegen die Lösung der nichtregularisierten Aufgabe. Weiterhin haben wir für die Aufgabe (LQ) die Konvergenz der diskreten Lösungen und der zugehörigen Adjungierten gezeigt. Schließlich haben wir noch die Konvergenz der optimalen Steuerung der sowohl regularisierten als auch diskretisierten Aufgabe behandelt.

Falls keine optimale Bang-Bang-Steuerung vorliegt, konnten wir unter Voraussetzung der gleichmäßigen positiven Definitheit der Parameterfunktion W zumindest die Konvergenz der optimalen Trajektorien der regularisierten Aufgabe sowie der regularisierten und diskretisierten Aufgabe angeben. Ausserdem konnten wir unter Voraussetzung einer optimalen Steuerung mit beschränkter Variation für die diskretisierte Aufgabe die Konvergenz für den minimalen Wert des Zielfunktionals zeigen.

Wir haben eine allgemeinere Aufgabe mit nicht notwendigerweise festem Zeithorizont behandelt und wir haben eine Modifikation einer zeitoptimalen Aufgabe vorgestellt, um diese durch eine Aufgabe der Form (LQ) anzunähern.

Abschließend haben wir gezeigt, wie die Diskretisierung der Aufgabe (LQ) als endlichdimensionales quadratisches Optimierungsproblem dargestellt werden kann und wir haben für eine Auswahl an Aufgaben Testrechnungen durchgeführt. Die numerischen Untersuchungen schienen die theoretischen Konvergenzresultate zu bestätigen. Allerdings haben wir am Beispiel einer Aufgabe mit einer singulären optimalen Steuerung auch erkannt, dass die Konvergenzresultate für die nichtregularisierte Aufgabe nicht ohne Weiteres übertragbar sind, wenn die Voraussetzung einer Bang-Bang-Struktur für eine optimale Steuerung nicht gegeben ist.

Literaturverzeichnis

[1] Alt, W.: Nichtlineare Optimierung. Vieweg, Braunschweig/Wiesbaden (2002). DOI 10.1007/978-3-322-84904-5

[2] Alt, W., Baier, R., Gerdts, M., Lempio, F.: Error bounds for Euler approximation of linear-quadratic control problems with bang-bang solutions. Numerical Algebra, Control and Optimization 2(3), 547–570 (2012). DOI 10.3934/naco.2012.2.547

[3] Alt, W., Baier, R., Lempio, F., Gerdts, M.: Approximations of linear control problems with bang-bang solutions. Optimization 62(1), 9–32 (2013). DOI 10.1080/02331934.2011.568619

[4] Alt, W., Schneider, C., Seydenschwanz, M.: EAGLE-STARTHILFE Optimale Steuerung. Edition am Gutenbergplatz, Leipzig (2013)

[5] Alt, W., Schneider, C., Seydenschwanz, M.: Ergänzungen zu eaglestarthilfe optimale steuerung (2015). URL http://users.minet.uni-jena.de/alt/img/OSBII.pdf

[6] Alt, W., Seydenschwanz, M.: Regularization and discretization of linearquadratic control problems. Control & Cybernetics 40(4), 903–920 (2011)

[7] Dontchev, A.L., Hager, W.W.: Lipschitzian stability in nonlinear control and optimization. SIAM Journal on Control and Optimization 31(3), 569–603 (1993). DOI 10.1137/0331026

[8] Felgenhauer, U.: On stability of bang-bang type controls. SIAM Journal on Control and Optimization 41(6), 1843–1867 (2003). DOI 10.1137/s0363012901399271

[9] Felgenhauer, U.: Note on local quadratic growth estimates in bang–bang optimal control problems. Optimization p. 1–17 (2013). DOI 10.1080/02331934.2013.773000

[10] Hocking, L.M.: Optimal Control: An Introduction to the Theory with Applications. Clarendon Press (1991)

[11] Korytowski, A.: A simple proof of the maximum principle with endpoint constraints. Control & Cybernetics **43**(1), 5–13 (2014)

[12] Lenhart, S., Workman, J.T.: Optimal Control Applied to Biological Models (Chapman & Hall/CRC Mathematical and Computational Biology). Chapman and Hall/CRC, Boca Raton (2007)

[13] Macki, J., Strauss, A.: Introduction to Optimal Control Theory (Undergraduate Texts in Mathematics). Springer, New York (1982)

[14] Pontrjagin, L.S., Boltjanskij, V.G., Gamkrelidze, R.V., Misčenko, E.F.: Mathematische Theorie optimaler Prozesse. VEB Deutscher Verlag der Wissenschaften, Berlin (1964)

[15] Schättler, H., Ledzewicz, U., Dehkordi, S.M., Reisi, M.: A geometric analysis of bang-bang extremals in optimal control problems for combination cancer chemotherapy. 2012 IEEE 51st IEEE Conference on Decision and Control (CDC) (2012). DOI 10.1109/cdc.2012.6427077

[16] Sendov, B., Popov, V.A.: The Averaged Moduli of Smoothness. Wiley, Chichester (1988)

[17] Seydenschwanz, M.: Diskretisierung und regularisierung linear-quadratischer steuerungsprobleme. Diplomarbeit, Friedrich-Schiller-Universität Jena, Jena (2010)

Printed in the United States
By Bookmasters